普通高等教育"十三五"规划教材

架空线路设计

(第二版)

主　编　王立舒　王艳君
副主编　王　俊　李　明
参　编　王润涛　魏东辉　王　慧　李东明　董德杰

中国水利水电出版社
www.waterpub.com.cn
·北京·

内 容 提 要

本教材包括架空线路基本知识、均匀荷载孤立档距导线力学基本计算、均匀荷载孤立档距导线力学应用计算、架空线路的振动和防振、架空输电线路杆塔定位及校验、电力线路的绝缘配合与防雷保护六部分。着重介绍了架空线路的相关概念、计算及分析方法，并附有必要的例题及习题。

本教材可供高等院校电气工程、农业电气化等专业本科、专科学生使用，也可以作为高职高专等院校及电力行业从事电力线路运行、安装、维护等专业人员的参考书，以及电气工程技术人员和电气技术爱好者参考与自学用书。

图书在版编目（CIP）数据

架空线路设计 / 王立舒，王艳君主编. -- 2版. -- 北京 : 中国水利水电出版社，2017.10
普通高等教育“十三五”规划教材
ISBN 978-7-5170-5994-3

Ⅰ. ①架… Ⅱ. ①王… ②王… Ⅲ. ①架空线路－设计－高等学校－教材 Ⅳ. ①TM726.3

中国版本图书馆CIP数据核字(2017)第262529号

书　名	普通高等教育“十三五”规划教材 **架空线路设计（第二版）** JIAKONG XIANLU SHEJI
作　者	主　编　王立舒　王艳君 副主编　王　俊　李　明 参　编　王润涛　魏东辉　王　慧　李东明　董德杰
出版发行	中国水利水电出版社 （北京市海淀区玉渊潭南路1号D座　100038） 网址：www. waterpub. com. cn E - mail：sales@waterpub. com. cn 电话：（010）68367658（营销中心）
经　售	北京科水图书销售中心（零售） 电话：（010）88383994、63202643、68545874 全国各地新华书店和相关出版物销售网点
排　版	中国水利水电出版社微机排版中心
印　刷	天津嘉恒印务有限公司
规　格	184mm×260mm　16开本　8.5印张　202千字
版　次	2017年10月第1版　2017年10月第1次印刷
印　数	0001—3000册
定　价	**24.00**元

前言 QIANYAN

本教材是在全国高等农业院校电学科教材研究会组织编写的“21世纪电学科高等学校教材”《架空线路设计》基础上，参考了相关院校专家编写的架空电力线路有关教材内容，并结合国家电网最新考试大纲等内容以及电力专业规范而编写的。教材进一步贯彻落实了教育部《关于进一步加强高等学校本科教学工作的若干意见》和《教育部关于以就业为导向深化高等职业教育改革的若干意见》的精神。

本教材在编写过程中，系统地总结和吸收了各院校教学改革的有益经验，注重理论的系统性和实用性，力求所学知识与当前电力线路特别是架空线路的实际相结合，加强学生的感性认识。编者保留并完善了第一版的部分内容，参考了其他同类型书籍的优点，对教学内容进行了科学的整合和取舍，系统地介绍了架空线路相关理论及内容。在本书的编写过程中我们对书中一些内容繁琐、计算复杂、理论性太强的内容进行了删减，增加了电力线路的绝缘配合与防雷保护，补充了导线振动与防振措施等新技术、新设备的内容。按照学生学习专业知识的认知规律，循序渐进，逐步深入。本教材参考学时为32学时。

参加本教材编写的单位有东北农业大学、河北农业大学、沈阳农业大学等院校。本教材由王立舒、王艳君担任主编，由王俊、李明担任副主编。本教材共六章，其中第一章至第三章由东北农业大学王立舒老师编写，第四章、第六章由河北农业大学王艳君老师编写，第五章由沈阳农业大学王俊老师编写。东北农业大学李明老师、王润涛老师、魏东辉老师，沈阳农业大学王慧老师，河北农业大学李东明老师，辽宁职业学院董德杰老师也参与了本书的编写及修订工作。全书由王立舒教授统稿。

东北农业大学房俊龙教授担任本书主审，他在准备阶段和编写过程中提出了许多宝贵意见和建议。另外，本书在编写过程中参考了许多重要的书籍及文献，特别是参考了孟遂民老师编写的《架空输电线路设计》（第二版）、赵先德老师的教学课件《电力线路基础》以及国家电网考试培训等相关资料，同时也参考了许多电力线路相关教师的教材和教学课件内容，在此一并表示感谢。

由于编者水平有限，书中疏漏和不妥之处在所难免，恳请读者多多批评指正，提出宝贵意见。

编者

2017年9月

目录 MULU

第一章

架空线路基本知识

第一节　输电技术发展及架空线路作用

一、输电技术的发展

（一）发展历史与现状

人们最早应用的是直流电，主要用于照明。1882 年，爱迪生（Edison）建立了第一座商业化发电厂和直流电力网，能发 660kW 的电力。随后，社会对电力的需求量增大。由于对用户的电压不能太高，因此要输送一定的功率，就要加大电流。而电流越大，输电线路发热就越厉害，损失的功率就越多，同样损失在输电导线上的电压也大，离发电厂越远的用户得到的电压也就越低。直流输电的弊端，限制了电力的应用。

为了减少输电的电能损耗，只能提高输电电压。在发电厂端将电压升高，到用户端再把电压降下来，达到低损耗情况下的远距离送电。而直流输电改变电压困难，因此采用交流输电比较方便。1882 年前后，英国的费朗蒂（Ferranti）改进了交流发电机，提出了交流高压输电的概念。1888 年，伦敦泰晤士河畔的大型发电厂开始交流输电。同年，俄国科学家多利沃-多布罗沃利斯基（Dolivo - Dobrovolisky）制成第一台三相交流发电机。1891 年，德国劳芬电厂安装了第一台三相 100kV 交流发电机，通过第一条三相交流输电线路送电到法兰克福，线路总长 175km，电压为 15.2kV。

自三相交流输电技术产生以来，输电技术朝着高电压、大容量、远距离的目标不断进步。1952 年，瑞典首先建立了 380kV 输电线路，采用双分裂导线，距离 960km。1956 年，苏联建成 400kV 输电线路，1964 年，美国建成 500kV 输电线路，1965 年，加拿大建成 765kV 输电线路。20 世纪 70 年代以来，欧、美各国对交流 1000kV 级特高压输电技术进行了大量研究，1985 年，苏联建设了哈萨克斯坦火电基地向欧洲部分输电的 1150kV 输电工程（后因社会经济原因而终止），日本也在 20 世纪 90 年代初建成了 1000kV 线路。目前，俄、日的输电系统的电压等级已达到 1150～1500kV。

在交流超高压输电技术发展的同时，高压直流输电技术也进入了工程实用阶段。1962 年，苏联建成±400kV 工业性实验线路，随后又建设±750kV 长距离直流线路；1970 年，美国第一条±400kV 直流线路建成，1985 年升压到±500kV；加拿大于 1990 年建成 750kV 级直流线路并向美国延伸。巴西伊泰普水电站用±600kV 直流输电线路送出电能。欧洲、非洲、日本、印度、新西兰等国家和地区的直流线路也相继投入运行。2005 年，我国±500kV电压等级的三峡至上海直流输电工程投入运行。2008 年，±500kV 电压等级的贵州—广东直流输电工程也投入运行。

此外，高自然功率的紧凑型线路以及灵活交流输电等多种多样输电新技术的研究也取得了很大的进展，有的已进入工程实践。

在我国，1882 年，上海建设了第一个低压 12kW 发电厂通过低压输电线路供电。1936 年出现了万伏电压以上的输电线路，电网初步形成。1937 年，日本帝国主义侵略我国，刚刚起步的我国电网遭受了严重的破坏。中华人民共和国成立后，我国电网建设进入了一个统一有序的发展阶段。1952 年自主建设了 110kV 输电线路，逐步形成了京津唐 110kV 输电网。1954 年建成了吉林丰满水电站—辽宁抚顺李石寨变电站的 220kV 输电线路，全长 369km。1972 年建成第一条 330kV 刘家峡水电站—关中的超高压线路，全长 534km。随后 330kV 输电线路延伸到陕、甘、宁、青 4 个省（自治区），形成西北跨省联合电网。1981 年第一条 500kV——平（平顶山）武（武昌）线投入运行，该线路全长 595km，启动了我国跨省、超高压电网建设的进程。2005 年 9 月，由青海官亭—甘肃兰州东的“西北 750kV 输变电示范工程”投入运行，该线路是我国第一条世界上海拔最高的输电线路。2009 年 1 月 6 日，“1000kV 交流特高压试验示范工程”晋东南—南阳—荆门输电线路工程正式投入运行，该工程起自晋东南 1000kV 开关站，止于荆门 1000kV 变电站，全长约 654km。我国成为当今世界商业化交流输电电压等级最高的国家。

1987 年，我国自主设计、设备全部国产化的±500kV 直流输电线路——葛（葛洲坝）上（上海）线单极建成投运，1990 年实现双极运行，该线路长 1045km，双极容量为 120 万 kW，实现了华中—华东电网的区域直流联网，拉开了我国跨大区联网的序幕。2009 年 12 月，云南—广东±800kV 特高压直流输电工程单极投运，2010 年 6 月实现双极运行，线路长 1500km，输电容量达 500 万 kW。2011 年 12 月 9 日，世界最高海拔、高寒地区建设规模最大、施工难度最大的输变电工程——柴达木至拉萨±400kV 直流输电工程投入试运行，线路长 1038km，输送容量 120 万 kW。2012 年 1 月 9 日，±800kV 锦屏至苏南特高压直流输电线路工程浙 A 标段线路主体工程全面完成。2015 年，世界上首个五端柔性直流输电工程——浙江舟山柔性直流输电示范工程建成投运。我国目前是当今世界直流输电电压等级最高的国家。2016 年 1 月 11 日，准东—皖南±1100kV特高压直流输电工程（简称准东—皖南工程）开工动员大会在京召开，标志着我国输电技术的进一步发展。

1990 年以前，我国主要以 220kV 为地区主干网架；2000 年后，除西北等电网外，基本以 500kV 为各省主网架。同时，交直流 500kV 线路成为跨省区输电的重要线路。

自 20 世纪 90 年代初起，我国开始研究并陆续建成了一些紧凑型输电线路。北京安定—河北廊坊的 220kV 紧凑型输电线路，是我国第一条紧凑型输电线路，全长 23.6km，1994 年建成投运。北京昌平至房山的 500kV 紧凑型输电线路，全长 83km，1999 年建成投运。2004 年 4 月 26 日，江苏政平—宜兴 500kV 同塔双回紧凑型线路建成投运。

同塔多回路技术也得到普遍应用。德国在其高电压和超高压线路中，同塔四回为常规型线路。日本东京电力公司 110kV 级以上的线路多数为同塔四回，最多回路数为同塔并架八回。国内第一条同塔多回线路建于 1990 年，为蓟门至清河的 220kV、110kV 各二回的同塔四回线路。2007 年，江苏利港电厂至梅里输电线路建成，为世界首条 500kV 同塔四回输电线路；同年，全国第一基同塔六回钢管塔（4×220kV+2×110kV）成功通过了测试。2015 年，陕西 750kV 西安南输变电工程 330kV 西安南—长安输电线路就采用了同

塔四回输电方式。

除台湾地区外，目前全国已形成东北、华北、华中、华东、西北、南方等6个区域电网，实现了华中电网与华北、华东、西北、南方电网互联，华北电网与东北电网互联。

（二）发展趋势

1. 特高压交流输电

我国能源和电力负荷分布极不均衡，西部水力和煤炭资源丰富，用电则大多集中在东南沿海，客观上需要远距离、大容量、跨区域输电，大规模、大范围优化配置资源，“西电东送，南北互供”是必然选择。特高压交流输电具有以下优点：

（1）输送容量大。输电线路的输电能力与电压的平方成正比，1000kV特高压交流线路的自然输送功率是500kV超高压交流线路的4～5倍；在采用同型杆塔条件下，单位走廊宽度输送容量约为500kV超高压交流线路的2.5倍。

（2）线路损耗小。输送相同功率时，电压越高，电流越小，线路的损耗就小。在导线总截面积和输送容量相同的情况下，1000kV线路的电阻损耗约为500kV线路的1/4。

（3）稳定性好。输电电压越高，从电源侧发电机端看去，电路的阻抗就越小，在输电系统中，输电线路和发电机之间同步运行的稳定性就越高。

（4）经济指标高。输送容量在1000万～1500万kW，输送距离2000km以上，用特高压输电比超高压输电要经济。当需要输送容量1000万kW时，采用500kV超高压输电需约十回线路，投资估计370亿元；而采用1000kV特高压输电，仅需二回线路，投资估计240亿元。

我国发展1000kV特高压交流输电，主要定位于更高一级电压等级的国家骨干网架建设和跨大区域的联网。

2. 特高压直流输电

直流输电与交流输电相比具有以下特点：

（1）输送功率相同时，线路造价低。直流输电采用两线制，与采用三线制三相交流输电相比，在输送同样功率时，考虑到趋肤效应和各种损耗，直流输电所用的线材几乎只有交流输电的一半。另外，直流输电的杆塔结构比同容量的三相交流输电简单，线路走廊占地面积也少，这些减少了大量的运输、安装费用。即使换流站的建设费用比变电站要高，在超过一定距离后，直流输电的总体造价还是更经济。直流输电线路与交流输电线路的总投资与线路距离的关系如图1-1所示。

（2）没有电容电流产生，线路损耗小。在一些特殊场合，必须用电缆输电，例如，城市中心地带采用地下电缆，海岛输电要用海底电缆。由于电缆芯线与大地之间构成同轴电容器，在交流高压输电线路中，空载电容电流非常大；而在直流输电线路中，由于电压波动很小，基本上没有电容电流加在电缆上。

（3）可实现不同频率交流系统之间的不同步联系，系统更稳定。远距离交流输电时，电流在交流输电系统的两端会产生显著的相位差。并网的各系统交流电的频率虽然规定统一为50Hz，但实际上常产生波动。这两种因素引起交流系统需要用复杂庞大的补偿系统和综合性很强的技术，保证其同步运行，否则就可能在设备中形成强大的循环电流，损坏设备或造成不同步运行的停电事故。而直流输电线路互联时，两端的交流电网可以用各自

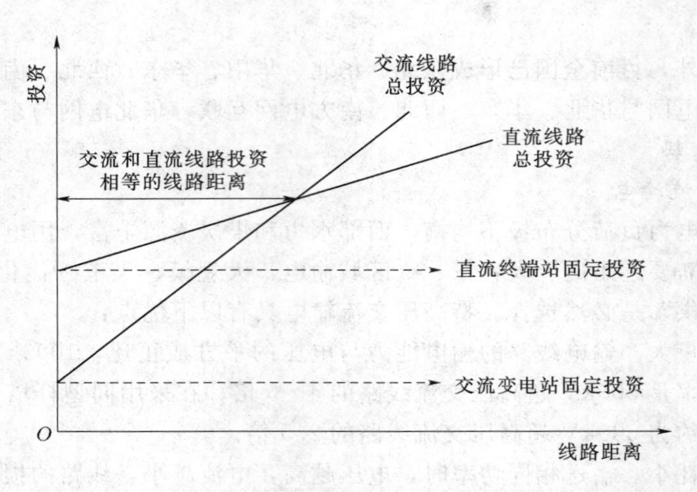

图1-1　直流输电线路与交流输电线路的总投资与线路距离的关系

的频率和相位运行，不需进行同步调整。

(4) 输送功率调节方便，能限制系统的短路电流。两个交流系统用交流线路互连，当一侧系统发生短路时，另一侧要向故障侧输送短路电流，有可能超过原有断路器的遮断容量，这就要求更换大容量的设备，增加大容量的投资。若用直流输电将两个交流系统互联，由于采用可控硅装置，电路功率能迅速、方便地进行调节。直流输电线路向发生短路的交流系统输送的短路电流不大，故障侧交流系统的短路电流与没有互联时几乎一样。

(5) 输电可靠性高。在直流输电线路中，各极是独立调节和工作的，彼此没有影响。所以，当一极发生故障时，只需停运故障极，另一极仍可输送不少于一半功率的电能。利用该特点，直流输电线路可安排分期建设。而在交流输电线路中，任意一相发生永久性故障，必须全线停电。

(6) 直流换流站比交流复电站的设备多、结构复杂、造价高、损耗大、运行费用高。

(7) 直流输电工程在单极大地回路方式下运行时，入地电流会对附近的地下金属体造成一定腐蚀，窜入交流变压器的直流电流会使变压器的噪声增加。

(8) 直流输电线路的污秽比交流输电线路严重，变压不方便，换流器在整流和逆变过程中的谐波较大。

(9) 若要实现多端输电，技术比较复杂。

高压直流输电具有线路输电能力强、损耗小、两侧交流系统不需同步运行（详细论述可参考“高压直流输电与柔性交流输电”相关书籍）、发生故障时对电网造成的损失小等优点，特别适合用于长距离点对点大功率输电，而采用交流输电便于向多端输电。交流与直流输电相配合，将是现代电力传输系统的发展趋势。

3. 紧凑型输电

紧凑型输电是通过对导线的优化排列，缩小相间距离，增加相分裂根数，降低电抗和增大电容，减少波阻抗，大幅度提高自然输送功率，有效压缩线路走廊的一项输电技术。

紧凑型输电线路主要具有如下特点：

(1) 结构紧凑，线路走廊（架空输电线路的路径所占用的土地面积和空间区域）占地少。紧凑型输电线路，为减小波阻抗（传输线无功发出量等于消耗量时的阻抗），相间距离大幅度缩小；采用封闭式铁塔，杆塔尺寸缩小；为限制导线风偏（架空输电线受风力的作用偏离其垂直位置的现象），多采用V形绝缘子串悬挂导线，必要时使用相间绝缘间隔棒。这些使得线路结构紧凑，走廊减小，减轻了对环境的影响和污染。如昌房（北京昌平—房山）500kV紧凑型输电线路走廊（图1-2）比常规线路缩小约18m。在线路走廊紧张的地区，紧凑型输电线路具有很大的优越性。

图1-2　昌房500kV紧凑型输电线路

(2) 自然输送功率增大。输电线路相间距离的减小对线路波阻抗和自然功率有明显的影响。当大幅度减小相间距离，改变传统布置为紧凑布置时，线路波阻抗明显降低，导线的表面强度、电荷分布趋向均匀一致，最大工作场强可尽量接近允许场强，自然输送功率大幅度提高。如220kV安廊线（北京安定—河北廊坊大屯）自然输送功率比常规路线提高了60%，500kV昌房线自然输送功率比常规线路提高了34.4%。

(3) 综合成本低。紧凑型线路虽因采用V形绝缘子串、相间绝缘间隔棒以及特殊型式的杆塔等，使投资增大，但由于线路走廊窄降低了占地费用，自然输送功率大充分发挥了输送能力，从而使得线路的综合成本降低。与常规线路相比，500kV昌房线紧凑型线路的输送单位自然功率造价降低约21.2%，220kV安廊线紧凑型线路降低约为29.6%。因此，在长距离输电工程中，紧凑型输电线路可取得更大的经济效益。

(4) 由于子导线之间的相互影响，将导致导线表面平均场强增高，电晕损失以及对无线电干扰都较大。与常规线路相比，紧凑型线路电晕损失高1.7～3.8倍，大雨下无线电干扰水平高1～10dB。

(5) 带电作业的要求提高。紧凑型线路由于结构紧凑，相间距离较小，带电作业必须详尽考虑杆塔的结构，分析带电作业间距，并提出更高的带电作业要求。

紧凑型与常规型输电线路的自然输送功率和走廊宽度的比较见表1-1。

表1-1　紧凑型与常规型输电线路的自然输送功率和走廊宽度的比较

电压等级/kV	常规输电线路		紧凑型输电线路	
	功率/MW	走廊宽度/m	功率/MW	走廊宽度/m
220	180(100%)	26～38	300(167%)	17～29
330	370(100%)	38～45	550(149%)	24～33
500	1000(100%)	45～60	1370(137%)	28～43

4. 多回路输电

多回路输电将多条线路共架在同一个杆塔上，以提高单位线路走廊的输送能力。在电厂出线端、换流站或变电站出入端及线路走廊狭窄、土地有限等情况下，不同送电方向或者不同电压等级线路局部采用同一通道架设的同塔多回路输电，是解决线路走廊问题的有效技术。多回路输电线路设计主要解决以下问题：

(1) 导线的布置形式。导线的布置可采用水平、垂直和三角排列，杆塔的横担可以是3层、4层和6层等，回路间可以是同相序、逆相序或异相序布置。与单回线路相比，同塔多回线路下的电磁场强度、无线电干扰、噪声都有所增大。提高杆塔的高度虽然可以降低地面附近的电磁场强度和噪声，但会导致耐雷水平的下降。同塔多回线路的导线间距较小，相互之间的电磁和静电耦合较强，会使线路参数的不对称加大，造成线路的不平衡电流增大。因此，应综合考虑电压等级、回路数量、所处地理环境、气象条件的情况，对各种导线布置形式和相序排列方式，进行工频电磁场、无线电干扰、噪声、不平衡电流等的计算分析，通过比较确定最优导线布置形式。

(2) 耐雷水平和防雷措施。由于同塔多回线路的杆塔相对比较高，遭受雷击的可能性增大。若遭雷击后多回线路同时跳闸，则后果更严重，因此，应提高同塔多回路的耐雷水平。在进行塔头布置时，尽可能减少横担层数，降低塔高，减少雷击次数；减小地线保护角，降低绕击率；考虑加挂耦合地线，加装消雷器等防雷措施；采用平衡高绝缘（即线路采用负的保护角，并在条件允许的条件下尽量提高绝缘程度），提高总体耐雷水平；同层横担不同回路导线，采用不同类型绝缘子（串），即采用差异化绝缘（根据线路沿线的过电压水平、污染情况、海拔高度等因素的不同，对线路进行差异化的、科学合理的绝缘配合设计），降低同时跳闸率。

(3) 塔型规划与设计。多回路铁塔导地线根数多，所受荷载大；导线截面、电压等级的不同组合，其荷载差异也很大，使铁塔在选型、断面选择、节点构造等方面的难度加大。通常多回路铁塔主材用单角钢已不能满足要求，需采用拼合角钢（双拼或四拼）或钢管。钢管断面中心轴对称，风阻系数较小，使得多回路钢管塔的应用越来越广。

5. 灵活交流输电

灵活交流输电（Flexible AC Transmission System，FACTS）又称柔性交流输电技术，是基于电力电子技术，对交流输电系统实施灵活、快速调节控制的一种交流输电的方式。它由美国 N. G. Hingorani 于 1986 年提出，是现代电力电子技术与电力系统相结合的产物。其主要思想是：采用具有独立或综合功能的电力电子装置，对输电系统的主要参数（如电压、相位差、电抗等）进行灵活快速的适时控制，以期实现较大范围地控制潮流，使输送功率合理分配；保证输电容量接近输电线路的热稳定极限，在控制区域内传输更多的功率，减少发电机的热备用；依靠限制电路和设备故障的影响来防止线路串级跳闸，阻尼电力系统振荡，大幅度提高系统的稳定性和可靠性；降低功率损耗和发电成本。目前已成功应用或正在研发的FACTS装置有十几种，主要有：

(1) 静止无功补偿器（SVC）。SVC使用晶闸管，快速调整并联电抗器的大小及投切电容器组，维护系统电压水平，消除电压闪变、平息系统振荡等。SVC可以静态或动态地使电压保持在一定范围内，从而提高电力系统的稳定性。

(2) 静止调相器(Statcon)。Statcon由三相逆变器构成,整个装置的无功功率大小或极性均由通过它的电流来调整,其整体功能类似于同步调相机,可视为SVC的改进装置。但其调节无功的能力比SVC强,因为Statcon的输出无功取决于输出端的电流和电压乘积,而SVC的无功量由电压平方除以阻抗决定。因此,在发生事故、电压降低的情况下,Statcon比SVC可提供更大的无功支持能力,具有一定的事故过载能力。

(3) 超导蓄能器(SMES)。SMES由电力电子器件(SCR或GTO等)控制的一个大容量超导蓄能线圈组成,放电/充电的效率在95%以上,造价昂贵。作为蓄能器,SMES可快速提供几秒的备用电力,瞬时产生同步或阻尼功率以提高输电的静态和暂态稳定性,提高远距离输电的输送能力,延长发电设备寿命,提供无功功率以改进电压稳定性,提高电压质量等。

(4) 固态断路器(SSCB)。采用晶闸管型的断路器,只能在交流第一次过零时断开,其开断延时将达几毫秒。如果采用电力电子元件的固态断路器,则电流可瞬时被切断,效果将大为提高。美国生产的SSCB样机,已达到15kV、600A,可在4μs内完成开断。

(5) 可控串联电容补偿(TCSC)。TCSC具有潮流控制、阻尼线路功率振荡、提高暂态稳定性、抑制次同步振荡等功能。TCSC可以连续改变线路电抗,因此可用来进行潮流控制,改变电网中的潮流分布。由于系统阻尼不足或由于系统大扰动引起低频功率振荡时,TCSC可以阻尼线路功率振荡。在系统受到大的冲击时,TCSC可迅速调整晶闸管的触发角,改变串联电容的补偿度,提高系统的暂态稳定性。当系统发生次同步振荡(SSR)时,TCSC可迅速调整串联电容器容抗至最小值,呈现出感抗,从而对SSR起到很强的阻尼作用。

随着电力电子技术的飞速发展,灵活交流输电技术的发展前景不可估量。

6. 分频输电

分频输电系统(Fractional Frequency Transmission System,FFTS)利用较低的频率(如50/3Hz)传输电能,可提高系统输送能力。众所周知,交流输电系统的输送功率与电压的平方成正比,与系统的电抗成反比;系统的电抗与频率成正比。FFTS是西安交通大学1994年针对水电的远距离输送提出的。由于水电机组转速很低,适合发出频率较低的电能,而输送低频电能时,其线路阻抗与频率成比例地下降,可大幅度提高线路输送容量。FFTS的关键问题是大容量变频技术。分析研究表明,FFTS具有以下特点:

(1) 提高输电容量。频率降低为工频的1/3时,输电线路的输送容量大致可提高3倍,接近输电线路的热极限,从而可充分发挥线路的输能作用。常规500kV交流系统在距离为1000km时,输送功率不超过800MW,而同样条件下FFTS的输送功率可达1800MW。

(2) 长距离输送电能时,有明显的经济效益。对500kV电压水平,当输送距离大于650km时,与常规交流输电系统相比,分频输电的经济效益好。

(3) 运行性能指标好。降低频率,对于输电系统的各项运行指标如末端空载电压、末端补偿容量、压波动率等有显著改善,系统的暂态稳定性提高。

(4) 更适合于水电、风电等可再生能源发电的输送。由于水电、风电等发电机组的转速较低,发出的电力频率较低,采用分频输电,可使发电机组及其输电系统都能运行在各自较合理的频率下，提高整个电力系统的运行指标，获得较大的经济效益。我国水力资源十分丰富，大多集中在中西部地区，而电力负荷多在东部沿海，输电距离一般都达到1000～2500km，因此分频输电的研究对我国更具有现实意义。

二、架空输电线路及其作用

架空输电线路是一种由导线（避雷线）利用绝缘子（或绝缘子串）和线路金具悬挂或支撑固定在杆塔上的电力线路，它是电力系统的主要组成部分之一。输电线路是电力系统中电能传输、交换、调节和分配的主要环节，电力线路分为架空线路和电缆线路，因为和电缆线路相比，架空线路具有建造费用低、施工周期短、维护方便等优点，所以架空线路得到更广泛的应用。

发电厂、变电所、配电和用电设备，通过输电线路连接构成电力系统，电力系统中发电厂的位置，取决于能源分布、运输条件和电力用户的分布情况等。通常发电所需要的一次能源（能源资源）产地和电能用户往往不在同一地区，水能资源集中在河流水位落差较大的偏远山区的高山峡谷，燃料资源集中在煤炭产地的矿区，而电能用户一般集中在大城市、大工业区，与一次能源产地相距甚远。例如，水力发电厂只能建在河流水位落差大的峡谷地区，而火力发电厂虽然可以建在远离矿区的电力负荷中心附近，但这要付出昂贵的燃料运输费用，也会给电力负荷中心所在的城市地区带来严重的环境污染。举例来说，建设一座3000MW的火力发电厂，年耗煤量约1500万～2000万t，若将发电厂建在负荷中心，其年耗煤量超过一条铁路专线年运输量。这显然无论从技术经济上还是从环境保护方面考虑均是不可取的。因此，大容量的火力发电厂也应尽可能地建在远离城市的矿区。为了将这些分散的、处于偏远地区的水电厂、火电厂或其他形式的发电厂生产的电能输送到远方的电力负荷中心，为了使这些发电厂能够连接起来并列运行以及提高供电的可靠性和经济性，高压架空输电线路在实现这种大容量、远距离输送电能方面发挥了极其重要的作用。

发电厂、输电线路、电能用户组成为实现电力生产与消费平衡的简单的电力系统，但简单的电力系统满足不了经济、可靠与运行灵活的要求。随着电力工业的发展，简单的或孤立的地区电力系统将发展为区域性电力系统，并进一步发展为跨区域的互联电力系统。当前火电厂单机容量已从几万千瓦、几十万千瓦发展到上百万千瓦，交流输电电压已从几十千伏、几百千伏发展到1000千伏以上。我国单机容量为300～600MW的机组已成为电力系统中的主力发电机组，区域性电力系统主网电压已达500kV。东北、华北、华东和华中等电力系统装机容量均以超过30000MW，华中和华东两大区域电力系统已通过±500kV直流输电线路连接成交直流混合的容量逾50000MW的大型互联电力系统，已建成的总装机容量达18200MW的三峡水利枢纽工程将把华中、华东、西南等几个大区域电力系统连接成总容量超过亿千瓦的互联电力系统。因此，架空输电线路的作用是在实施远距离输送电能的同时，还可以实现电力系统间联网，在电网之间进行电能传输、交换、调节和分配，不仅使系统可以安装大型机组，建大型电厂，还可以减少系统备用容量以降低成本，调峰、错峰增加系统稳定性，提高供电能力和供电质量，使得电力网络中电力设备发挥最大的效能。

输电线路按电压等级分为高压、超高压和特高压线路。我国的电压标准以系统额定电压表

示，35～220kV 的线路为高压线路；330～500kV 的线路为超高压线路，750kV 以上的线路为特高压线路。一般地说，输送电能容量越大，线路采用的电压等级越高。我国输电线路的电压等级有 35kV、(66)kV、110kV、(154)kV、220kV、330kV、500kV、750kV、1000kV，其中，66kV、154kV 新建线路不再使用。目前，我国已形成了以 500kV 超高压线路为骨干网架的南方、东北、西北（330kV）、华北、华中、华东等 6 大跨省区域电网以及山东、福建、海南、新疆、西藏和台湾等 6 个省（自治区）电网。

选择输送的电压等级，主要取决于输送的功率和输送的距离。从输送电能的角度来看，三相交流输电线路传输的有功功率为

$$P=\sqrt{3}UI\cos\varphi \tag{1-1}$$

式中　U——三相交流输电电压，kV；

I——线路电流，kA；

P——传输的有功功率，MW；

$\cos\varphi$——负载功率因数。

三相导线中的损耗可表示为

$$\Delta P=3I^2R_1=3\left(\frac{P}{\sqrt{3}U\cos\varphi}\right)^2\rho\frac{l}{A}=\frac{P^2\rho l}{u^2\cos^2\varphi a} \tag{1-2}$$

式中　R_1——相导线电阻，Ω；

ΔP——三相线路的功率损耗，MW；

ρ——导线电阻率，$\Omega mm^2/km$；

l——相导线长度，km；

A——导线截面积，mm^2。

由式（1-1）和式（1-2）可知，当输送功率一定时，线路的电压等级越高，线路中通过的电流就越小，所用导线的截面积就可以越小，用于导线的投资可以减少，而且线路中的功率损耗、电能损耗也都会相应降低。因此，大容量、远距离输送电能要采用高压输电。但是，电压越高，要求线路的绝缘水平也越高，除去线路杆塔投资增大，输电走廊加宽外，所需的变压器、电力设备等的投资也要增加，因此输电线路电压等级的选择，过高或过低都不合理。科学的方法是根据输送功率和输送距离，结合电力系统运行和发展的实际需要以及电力设备的制造水平，通过对若干方案的计算结果进行充分的技术经济的分析比较来确定。表 1-2 给出了架空输电线路的额定电压与输送功率和合理输送距离的关系，可供选择电压等级时参考。

表 1-2　　架空输电线路的额定电压与输送功率和合理输送距离的关系

线路电压/kV	输送功率/MW	输送距离/km	线路电压/kV	输送功率/MW	输送距离/km
3	0.1～1	1～3	220	100～500	100～300
6	0.1～1.2	4～15	330	200～800	200～600
10	0.2～2	6～20	500	100～1500	250～850
35	2～10	20～50	750	2000～2500	500 以上
110	10～50	50～150			

输电线路按杆塔上的回路数目分为单回路、双回路和多回路线路，单回路杆塔仅一回三相线路，双回路杆塔有两回三相导线，多回路杆塔上有三回及以上的三相导线。除此以外，紧凑型线路也得到较快的发展和应用。

第二节　架空线路的构成

架空输电线路的组成元件主要有导线、架空地线（或称避雷线，简称地线）、金具、绝缘子、杆塔、拉线和基础，如图 1－3 所示。

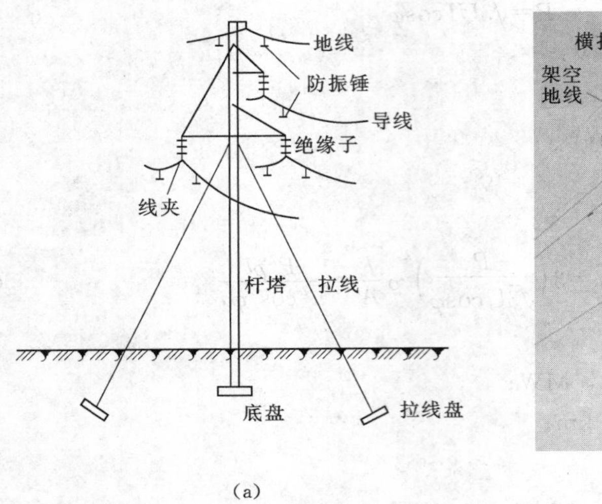

(a)

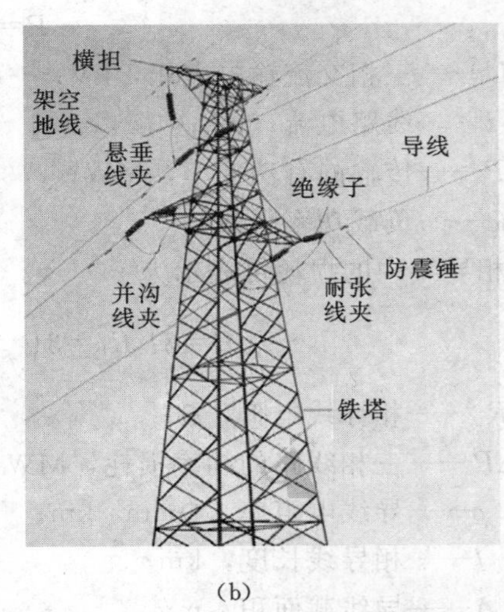

(b)

图 1－3　架空输电线路的组成元件

(a) 架空线路组成示意图；(b) 架空线路实物图

导线用来传输电流、输送电能。一般输电线路每相采用单根导线，对于超高压大容量输电线路，为了减小电晕以降低电能损耗，并减小对无线电、电视等的干扰，多采用相分裂导线，即每相采用两根、三根、四根或更多根子导线，子导线间距用间隔棒控制。

地线悬挂于杆塔顶部，并在每基杆塔上均通过接地线与接地体相连接。当雷云放电雷击线路时，因地线位于导线的上方，雷首先击中地线，并借以将雷电流通过接地体泄入大地，从而减少雷击导线的概率，保护线路绝缘免遭雷电过电压的破坏，起到防雷保护作用，保证线路安全运行。

杆塔用来支持导线和地线及其附件，并使导线、地线、杆塔之间，以及导线和地面及交叉跨越物或其他建筑物之间保持一定的安全距离。

绝缘子是线路绝缘的主要元件，用来支承或悬吊导线使之与杆塔绝缘，保证线路具有可靠的电气绝缘强度。

金具在架空线路中起着支持、固定、接续、保护导线和地线及紧固拉线的作用。

杆塔基础是将杆塔固定在地面上，以保证杆塔不发生倾斜、倒塌、下沉等的设施。

一、架空线路的导线和避雷线

（一）常用架空线的材料

架空线的常用材料有铝、铝合金、钢和铜等。

铝导线：铝有较好的导电性能，20℃时它的电阻率为0.028364Ωmm²/m。但铝的机械强度较低，导线用电工圆铝线的抗拉强度为159～188MPa，因而导线不能拉得太紧。铝线表面有密实的氧化膜，能防止铝线继续氧化。但是它耐受酸、碱、盐侵蚀能力较差。因此，铝线适用于小档距线路，不宜用于沿海及大气中酸、碱、盐较浓的环境中。

铝合金导线：铝合金是铝中加入少量镁、硅、铁等制成的，铝合金的导电性能与铝相近，它具有铝材质量轻的优点，而且它也具备较高的机械强度，其抗拉强度为294MPa，约为纯铝材的1.5～2.0倍。但它的电阻率比铝材略高，20℃时电阻率0.0328Ωmm²/m，且耐振性能差，抗化学腐蚀能力和铝材相近。

铜导线：铜的导电性能好，20℃时电阻率为0.0177Ωmm²/m，机械强度较高，其抗拉强度为380MPa，并具有很强的抗氧化和抗腐蚀能力，从导电性能和机械强度等方面看，是理想的导线材料，但是铜是稀有的贵重有色金属，在各方面有广泛用途，架空线路已基本不采用铜导线。

钢导线：钢的导电性能较差，且它的电阻值具有非线性特性，20℃时电阻率约为0.132Ωmm²/m，差不多是铝材的5倍。钢的机械性能好，钢丝的抗拉强度不小于1310MPa，约为铝的10倍。但是，抗氧化能力很差。钢材料的架空线一般作为地线使用，作为导线使用仅用于跨越江河山谷的大档距及其他机械强度大的场合。

（二）常用架空线的结构和型号规格

架空线路一般都是采用裸导线敷设的。裸导线结构型式可分以下3种：①单股线；②单金属多股线；③复合金属多股绞线（包括钢芯铝绞线、扩径钢芯铝绞线、空心导线、钢铝混绞线、钢芯铝包钢绞线、铝包钢绞线、分裂导线）。架空线路的各种导线和地线的断面结构如图1-4所示。

因为高压架空线路上不允许采用单股导线，所以，实际在架空线路上均采用多股绞线。多股绞线的优点是比同样截面单股线的机械强度高、柔韧性好、可靠性高。同时，它的集肤效应较弱，截面金属利用率高。若架空线路的输送功率大，导线截面大，对导线的机械强度要求高，而多股单金属铝绞线的机械强度仍不能满足要求时，则把铝和钢两种材料结合起来制成钢芯铝绞线，这样不仅有很好的机械强度，并且有较高的电导率，其所承受的机械荷载则由钢芯和铝线共同负担。这样，既发挥了两种材料的各自优点，又补偿了它们各自的缺点。因此，钢芯铝绞线被广泛地应用在35kV及以上的线路中。

导线用专用符号来表示。老式型号表示法通常第一个字母均用J，表示同心绞合；J后面为组成导线的材料代号，单一材料为单线代号，组合材料为外层线（或外包线）和内层线（或线芯）的代号，二者用“/”分开。如：T表示铜、L表示铝。在型号尾部加防腐代号F，表示导线采用涂防腐油结构。标称截面以相应导线的标称截面积表示，以mm²为单位。绞合结构用构成导线的单线根数表示，单一导线直接用单线根数，组合导线采用前面为外层线根数，后面为内层线根数，中间用“/”分开。性能指标中的规格号，表示

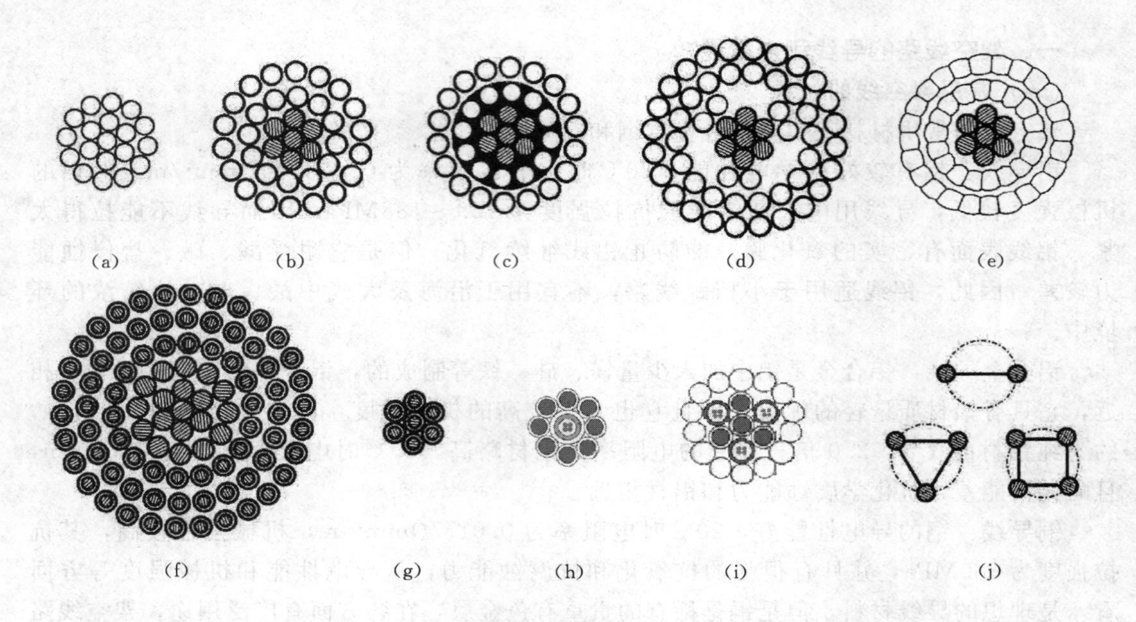

图 1-4 架空线路的各种导线和地线的断面结构

(a) 单一金属绞线；(b) 钢芯铝绞线；(c) 防腐钢芯铝绞线；(d) 扩径导线；(e) 自阻尼导线；(f) 钢芯铝包钢绞线；(g) 铝包钢绞线；(h) OPGW 型光纤复合地线（中心束管式）；(i) OPGW 型光纤复合地线（层绞式）；(j) 分裂导线

以 mm^2 为单位的相当于硬拉圆铝线的导电截面积。如 LGJ-300/50 表示铝的标称截面为 $300mm^2$、钢的标称截面为 $50mm^2$ 的钢芯铝绞线。钢芯铝绞线按照铝钢截面比的不同又分为普通型钢芯铝绞线（LGJ）；轻型钢芯铝绞线（LGJQ）；加强型钢芯铝绞线（LGJJ）。普通型和轻型钢芯铝绞线，用于一般地区；加强型钢芯铝绞线，用于重冰区或大跨越地段。对于电压为 220kV 及以上的架空线路，为了减小电晕以降低损耗和对无线电的干扰以及为了减小电抗以提高线路的输送能力，应采用扩径导线、空心导线或分裂导线。因扩径导线和空心导线制造和安装不便，故输电线路多采用分裂导线。分裂导线每相分裂的根数一般为 2～4 根，并以一定的几何形状并联排列而成。每相中的每一根导线称为次导线，两根次导线间的距离称为次线间距离，在一个档距中，一般每隔 30～80m 装一个间隔棒，两相邻间隔间的水平距离为次档距。在一些线路的特大跨越档距中，为了降低杆塔高度，要求导线具有很高的抗拉强度和耐振强度，国内外特大跨越档距，一般用强拉力钢绞线，但也有加强型钢芯铝绞线和特制的钢铝混绞线及钢芯铝包绞线。

现行 GB/T 1179—2008《圆线同心绞架空导线》，等效于国际电工委员会的 IEC 61089:1991。在该标准中，导线产品用型号、标称截面及标准编号表示，之间用“-”相连。单一导线直接用单线根数，组合导线采用前面为外层线根数，后面为内层线根数，中间用“/”分开。常用的单线有：硬铝线（L）、高强度铝合金线（LHA1、LHA2）、镀锌钢线（G1A、G1B、G2A、G2B、G3A，其中 1、2、3 分别表示强度级别，A、B 分别表示普通、加厚镀层厚度）、铝包钢线（LB1A、LB1B、LB2，其中 1、2 分别对应电导率

20.3% IACS、27% IACS，A、B表示机械性能）。

JL/G1A-500/35-45/7表示由45根硬铝线和7根A级镀层普通强度镀锌钢线绞制成的钢芯铝绞线，硬铝线的标称截面为500mm²，钢的标称截面为35mm²。

JLHA1/G3A-500/65-54/7表示由54根1型高强度铝合金线和7根A级镀层特高强度镀锌钢线绞制成的钢芯铝合金绞线，铝合金线的标称截面为500mm²，钢的标称截面为65mm²。

JG1A-250-19表示由19根A级镀层普通强度镀锌钢线绞制成的镀锌钢绞线，钢的标称截面为250mm²。

实际运行中各种架空线断面实物如图1-5所示。

图1-5　各种架空线断面实物图

（三）导线截面的选择要求

如何选择线路导线截面是电力网设计中的一个重要问题。线路的能量损耗同电阻成正比，增大导线截面可以减少能量损耗。但是线路建设投资却随导线截面增大而增加。综合考虑这两个互相矛盾的因素，采用经济电流密度选择导线截面，这样可使线路运行有最好的经济效果。

一般说来，输电线路导线截面选择必须满足以下条件：

（1）线路年运行费低，符合总的经济利益。线路年运行费是指为维持正常运行而每年支出的费用，它包括电能损失费、折旧费、修理费、维护费。其中电能损失费、折旧费及修理费是与导线截面有关的。导线截面越大，导线中的电能损耗就越小，其线路的初建投资会增加，且线路的折旧费和修理费也随之增加；反之，导线截面小，线路初建投资会减小，线路的折旧费、修理费也随之减小，但线路中的电能损耗则必将增加。因此，导线截面必须综合考虑各方面因素，通过必要的经济技术比较，进行合理选择。

（2）导线在运行中的温度不应超过其最高允许温度。导线中通以电流，由于导线电阻的存在，必定要消耗一部分电能，使导线温度升高。我国规程规定，钢芯铝绞线的最高允许温度一般采用70℃（大跨越可采用90℃），钢绞线的最高允许温度一般采用125℃。

（3）所选定的导线截面必须大于机械强度所要求的最小截面。

（4）110kV 以上电压等级的输电线路，导线截面应按电晕条件进行验算。电晕是导线表面空气在强电场作用下被电离而发出淡蓝光辉的一种现象，导线发生电晕将损耗一定的功率。电晕现象的发生与大气环境及导线截面有关，规程规定，海拔不超过 1000m 地区，不必验算电晕的导线最小直径，见表 1-3。

表 1-3　　不必验算电晕的导线最小直径

额定电压/kV	60 以下	110	154	220	330		500
导线外径/mm	—	9.6	13.68	21.28	33.2	21.28×2	27.36×4

（四）地线（避雷线）

1. 地线架设的一般规定

输电线路是否架设地线，应根据电压等级、负荷性质和系统运行方式，并结合当地已有线路的运行经验、地区雷电活动的强弱、地形地貌特点及土壤电阻率高低等决定。在计算耐雷水平后，通过技术经济比较，采用合理的防雷方式。

110kV 输电线路宜沿全线架设地线，在年平均雷暴日数不超过 15 日或运行经验证明雷电活动轻微的地区，可不架设地线。无地线的输电线路，宜在变压器或发电厂的进线段架设 1～2km 的地线。220～330kV 输电线路应沿全线架设地线，在年平均雷暴日数超过 15 的地区或运行经验证明雷电活动轻微的地区，可架设单地线，山区宜采用双地线。500kV 及以上电压等级的输电线路，应沿全线架设双地线。

杆塔上地线和边导线所在平面与地线所在垂直平面之间形成的夹角，称为保护角。对于单回路，330kV 及以下线路的保护角不宜大于 15°，550～770kV 线路的保护角不宜大于 10°；1000kV 线路的保护角平原丘陵地区不宜大于 6°，山区不宜大于－4°。对于同塔双回路或多回路，110kV 线路的保护角不宜大于 10°；1000kV 线路的保护角平原丘陵地区不宜大于－3°，山区不宜大于－5°。重覆冰线路的保护角可适当增大。

杆塔上两根地线之间的距离，不应超过地线与导线间垂直距离的 5 倍。

在气温 15℃、无风无冰的气象条件下，档距中央导线与地线之间的距离 D 应满足：

$$D \geqslant 0.121 + l(\mathrm{m}) \tag{1-3}$$

式中　l——档距，m。

2. 地线的绝缘

当地线仅用于防雷时，可逐基杆塔接地，以提高防雷的可靠性。但逐基杆塔接地会产生较大的附加电能损失，如一条 200～300km 的 220kV 输电线路的附加电耗每年可达几十万千瓦时，一条长 3000km 的 500kV 线路则高达数百万千瓦时。因此，超高压等级的输电线路的地线，即使无综合用途，也往往将其绝缘架设，以减少能耗。绝缘地线利用一只带有放电间隙的无裙绝缘子与杆塔隔开，雷击时利用放电间隙击穿接地，因此，绝缘地线具有与一般地线同样的防雷效果。安装时必须对放电间隙进行绝缘整定，使其在雷击前的先导阶段能够预先建弧，在雷击过后能够及时切断间隙中的工频电弧恢复正常运行状态，在线路重合闸成功时不致重燃；在线路发生短路故障时，间隙也能被击穿，并保证短路事故消除后，间隙能熄弧恢复正常。放电间隙值应根据地线上感应电压的续流熄弧条件和继电保护的动作条件确定，一般为10～40mm。还应当注意，绝缘地线上往往感应有较高的对地电压，在导线和地线都不换位时，330kV、500kV线路绝缘地线的感应电压分别达23kV和50kV左右。因此，安装绝缘地线的线路必须进行适当换位，对其任何操作都应按带电作业考虑。

3. 地线的选择

地线应满足电气和机械强度的要求，可选用镀锌钢绞线或复合型绞线。当地线采用镀锌钢绞线时，其与导线的配合应符合表1-4的规定。当地线兼用于减少潜供电流（由于电容电感耦合，非故障相与故障相之间弧光通道中存在的电流）、降低工频过电压、改善对通信设施的干扰影响、作为高频载波通道时，可采用良导体架空线，其载流面积应满足综合利用的载流要求。当利用地线进行光纤通信时，可选用OPGW型光纤复合地线。

表1-4　　地线采用镀锌钢绞线时与导线的配合

导线型号		LGJ-185/30及以下	LGJ-185/45～LGJ-400/35	LGJ-400/50及以上
镀锌钢绞线最小标称截面/mm^2	无冰区段	35	50	80
	覆冰区段	50	80	100

特高压输电线路的地线，还应按电晕、起晕条件进行校验，地线表面的静电场强，不宜大于其临界场强的80%。输电线路的电磁感应对附近通信线路有一定影响，当对重要通信线路的影响超过规定标准时，为加强对通信线路的保护，可以考虑与地线配合架设屏蔽地线。屏蔽地线需要使用良导电材料，目前多使用LGJ-95/55钢芯铝绞线。

二、杆塔的种类及金具

（一）杆塔的种类

杆塔是用来支持导线和避雷线，以使导线之间、导线与避雷线之间、导线与地面及交叉跨越物之间保持一定的安全距离，保证线路安全运行。杆塔按其在线路上的用途可分为：直线杆塔、耐张杆塔、转角杆塔、终端杆塔、跨越杆塔和换位杆塔等。杆塔示意图如1-6所示。

1. 直线杆塔

用于线路的直线段上，用悬垂绝缘子或V形绝缘子串支持导线，如图1-6（a）、（b）所示。直线杆塔在架空线路中的数量最多，约占杆塔总数的80%左右。在线路正常运行的情况下，直线杆塔不承受顺线路方向的张力，而仅承受导线、避雷线的垂直荷载（包括导线和避雷线的自重、覆冰重和绝缘子重量）和垂直于线路方向的水平风力，所以，其绝缘子串是垂直悬挂的。只有在杆塔两侧档距相差悬殊或一侧发生断线时，直线杆塔才承受相邻两档导线的不平衡张力。直线杆塔一般不承受角度力，因此，直线杆塔对机械强度要

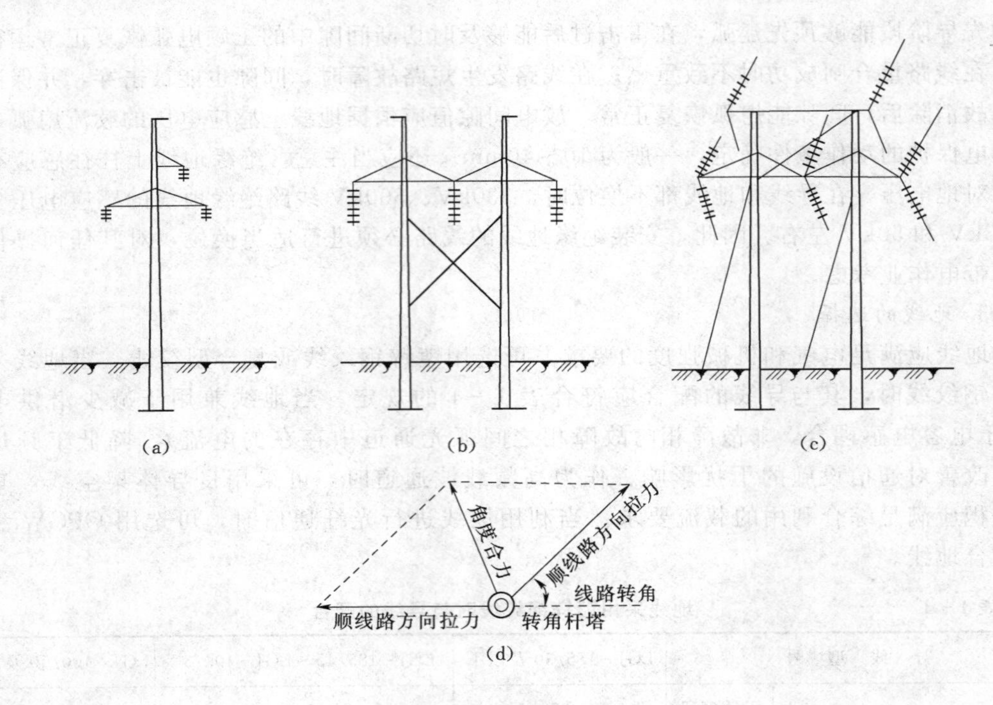

图 1-6 各种杆塔示意图
(a) 直线单杆；(b) 直线双杆；(c) 转角杆塔；(d) 转角杆塔受力分析图

求较低，造价也较低廉。

2. 耐张杆塔

耐张杆塔又叫承力杆塔，用于线路的分段承力处。在耐张杆塔上是用耐张绝缘子串和耐张线夹来固定导线的。正常情况下，除承受与直线杆塔相同的荷载外，还承受导线、避雷线的不平衡张力。在断线故障情况下，承受断线张力，防止整个线路杆塔顺线路方向倾倒，将线路故障（如倒杆、断线）限制在一个耐张段（两耐张杆塔之间的距离）内。10kV 路的耐张长度一般为 1～2km。35～110kV 线路的耐张长度一般为 3～5km。根据具体情况，也可适当地增加或缩短耐张段的长度。

3. 转角杆塔

转角杆塔用于线路转角处，图 1-6（c）为转角杆塔。转角杆塔两侧导线的张力不在一条直线上，因而须承受角度力。转角杆的角度是指转角前原有线路方向的延长线与转角后线路方向之间的夹角。转角杆分为直线型和耐张型两种。6～10kV 线路，30°以下的转角杆为直线型；30°以上用耐张型。35kV 及以上线路，转角为 5°以下时用直线型；5°以上时用耐张型。转角杆塔除应承受垂直重量和风荷载以外，还应能承受较大的角度力。角度力决定于转角的大小和导线的水平张力。

4. 终端杆塔

终端杆塔位于线路的首、末端，即发电厂或变电站进线、出线的第一基杆塔。终端杆塔是一种承受单侧张力的耐张杆塔。

5. 跨越杆塔

跨越杆塔位于线路与河流、山谷、铁路等交叉跨越的地方。跨越杆塔也分为直线型和耐张型两种。当跨越档距很大时，就得采用特殊设计的耐张跨越杆塔，其高度也较一般杆塔高得多。

6. 换位杆塔

换位杆塔是用来进行导线换位的。高压输电线路的换位杆塔分滚式换位用的直线型换位杆塔和耐张型换位杆塔两种。

杆塔实物如图 1-7 所示，电杆和铁塔各部分的名称如图 1-8 和图 1-9 所示。

图 1-7 各种杆塔实物图

(a) 直线杆塔；(b) 耐张杆塔；(c) 转角杆塔；(d) 终端杆塔；(e) 跨越杆塔；(f) 换位杆塔

(二) 金具

线路金具在架空输电线路中起着支持、紧固、连接、接续、保护导线和避雷线的作用，并且能使拉线紧固。金具的种类很多，按照金具的性能及用途大致可分为以下几种。

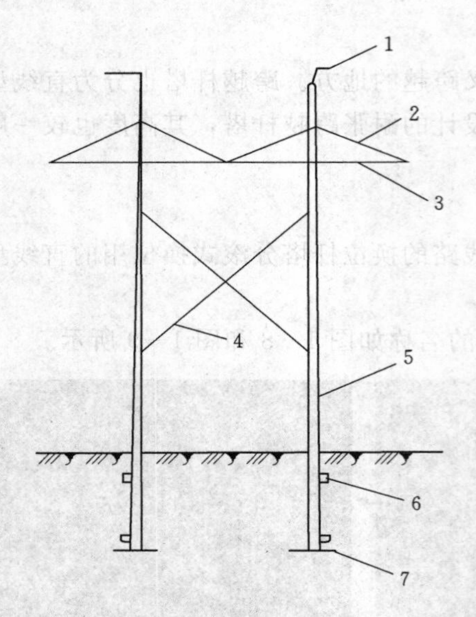

图 1-8　电杆各部分的名称

1—避雷线支架；2—横担吊杆；3—横担；4—叉梁；5—电杆；6—卡盘；7—底盘

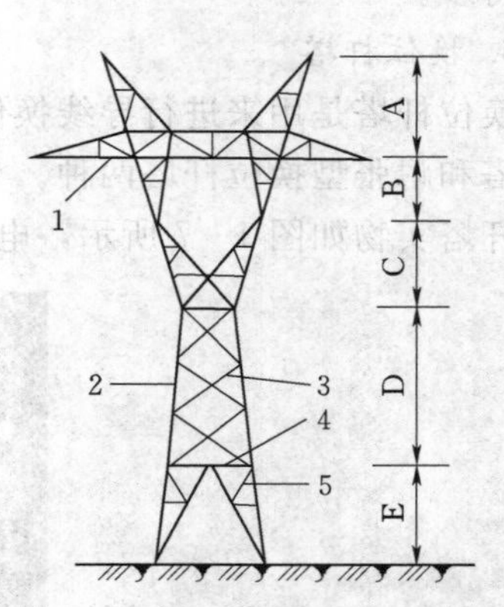

图 1-9　铁塔各部分的名称

A—避雷线支架和横担；B—上曲臂；C—下曲臂；D—塔身；E—塔腿；1—横担；2—主材；3—斜材；4—横材；5—辅助材

1. 支持金具

支持金具即悬垂线夹，如图 1-10 所示。悬垂线夹用于将导线固定在直线杆塔的绝缘子串上；将避雷线悬挂在直线杆塔上；也可以用来支持换位杆塔上的换位或固定非直线杆塔上的跳线（俗称引流线）。悬垂线夹按其性能分为固定型和释放型两类，释放型悬垂线夹使用已比较少。固定型悬垂线夹适用于导线和避雷线。线路在正常运行或发生断线时，导线在线夹中都不允许滑动或脱离绝缘子串，因此，杆塔承受的断线张力较大。释放型线夹在正常情况下和固定型一样夹紧导线，但当发生断线时，由于线夹两侧导线的张力严重不平衡，使绝缘子串发生偏斜，偏斜至某特定角度 φ（一般为 35°±5°）时，导线即连同线夹的船形部件从线夹的挂架中脱落，导线在挂架下部的滑轮中，顺线路方向滑落到地面，这样做的目的是为了减小直线杆塔在断线情况下所承受的不平衡张力，从而减轻杆塔的受力。释放线夹不适用于居民区或线路跨越铁路、公路、河流以及检修困难地区，也不适宜用在容易发生误动作的线路上，如档距相差悬殊或导线悬挂点高度相差悬殊的山区和

(a)

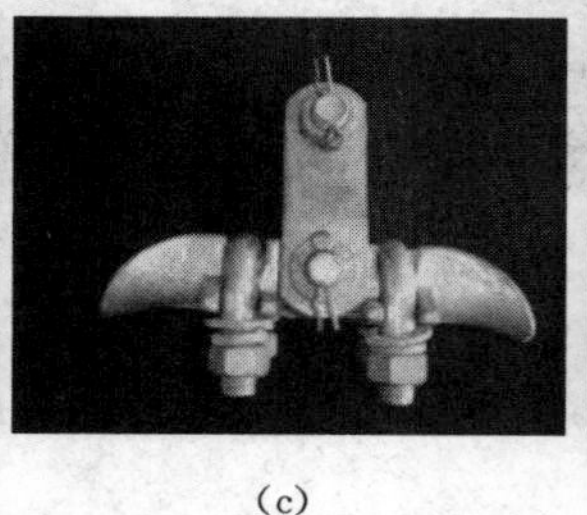

(b)

(c)

(d)

图 1-10　悬垂线夹实物图

(a)、(b) 悬垂线夹现场安装图；(c)、(d) 悬垂线夹实物

重冰区线路等。总之，释放线夹使用有限。

2. 紧固金具

紧固金具即耐张线夹，用于将导线和避雷线固定在非直线杆塔（如耐张、转角、终端杆塔等）的绝缘子串上，承受导线或避雷线的拉力。导线用的耐张线夹有螺栓型耐张线夹和压缩型耐张线夹。对于导线截面 $240mm^2$ 及以下者，因张力较小，采用图 1-11（a）所示的螺栓型耐张线夹，而当导线截面为 $300mm^2$ 及以上时，则采用导线用压缩型耐张线夹，如图 1-11（b）所示。

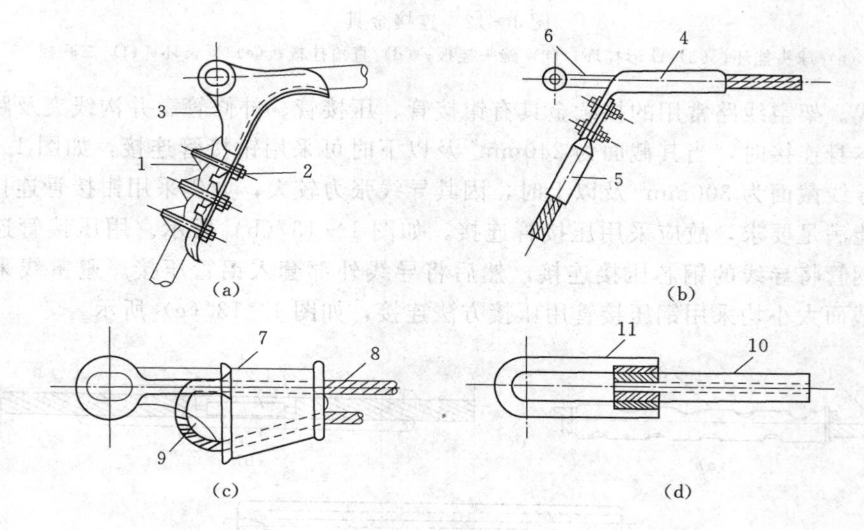

图 1-11　耐张线夹

（a）螺栓型耐张线夹；（b）导线用压缩型耐张线夹；（c）楔型耐张线夹；（d）避雷线用压缩型耐张线夹
1—压板；2—U 形螺丝；3、7—线夹本体；4—线夹铝管；5—引流板；6—钢锚；8—钢绞线；
9—楔子；10—钢管；11—钢锚拉环

避雷线用的耐张线夹有楔型耐张线夹和压缩型耐张线夹两种。采用截面 $50mm^2$ 以下的钢绞线作为避雷线时，使用图 1-11（c）所示的楔型耐张线夹。若避雷线截面超过 $50mm^2$ 时，由于张力较大，故应用如图 1-11（d）所示的避雷线用压缩型耐张线夹。

3. 连接金具

连接金具主要用于将悬式绝缘子组装成串，并将绝缘子串连接、悬挂在杆塔横担上。悬垂线夹、耐张线夹与绝缘子串的连接，拉线金具与杆塔的连接，均要使用连接金具。根据使用条件，分为专用连接金具和通用连接金具两大类。专用连接金具用于连接绝缘子，其连接部位的结构和尺寸必须与绝缘子相同。线路上常用的专用连接金具有球头挂环和碗头挂板［图 1-12（a）、（c）］，分别用于连接悬式绝缘子上端钢帽及下端钢脚。通用连接金具适用于各种情况下的连接，以荷重大小划分等级，荷重相同的金具具有互换性。线路上常用的通用连接金具具有直角挂板、U 形挂环、二联板等，如图 1-12 所示。

4. 接续金具

接续金具用于连接导线及避雷线的端头，接续非直线杆塔的跳线及补修损伤断股的导

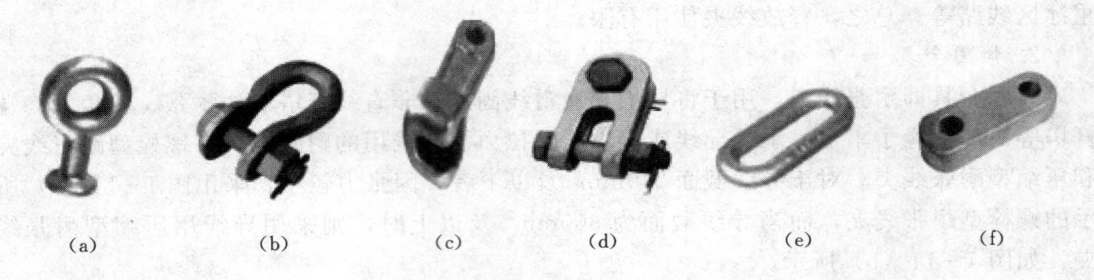

图 1-12　连接金具

(a) 球头挂环；(b) U 形挂环；(c) 碗头挂板；(d) 直角挂板；(e) 延长环；(f) 二联板

线或避雷线。架空线路常用的接续金具有钳接管、压接管、补修管、并沟线夹及跳线线夹等。导线本身连接时，当其截面为 $240mm^2$ 及以下时可采用钳接管连接，如图 1-13 (a) 所示。若导线截面为 $300mm^2$ 及以上时，因其导线张力较大，如仍采用钳接管连接，其连接强度不能满足要求，故应采用压接管连接，如图 1-13 (b) 所示。用压接管连接导线时，先用钢管将导线的钢芯压接连接，然后将导线外部套入铝管压接。避雷线采用钢绞线，无论截面大小均采用钢压接管用压接方法连接，如图 1-13 (c) 所示。

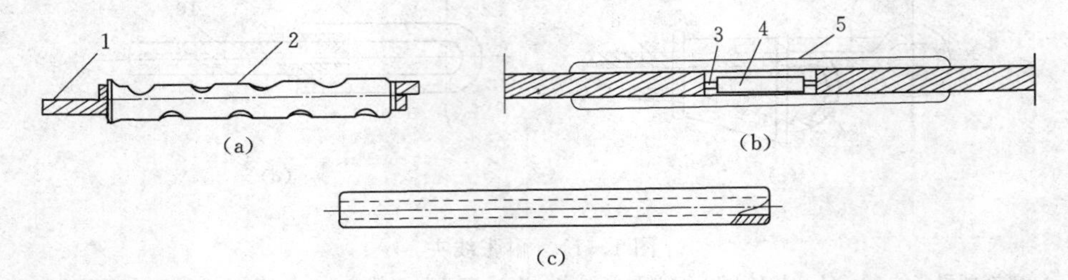

图 1-13　接续金具

(a) 导线用钳接管连接；(b) 导线用压接管连接；(c) 连接钢绞线用的钢压接管

1—导线；2—钳接管；3—导线钢芯；4—钢管；5—铝管

5. 保护金具

保护金具分为机械和电气两大类。机械类保护金具是为防止导线、避雷线因受震动而造成断股。电气类保护金具是为防止绝缘子因电压分布不均匀而过早损坏。线路上常使用的保护金具有防振锤、护线条、间隔棒、均压环、屏蔽环等。

6. 拉线金具

拉线金具主要用于固定拉线杆塔，包括从杆塔顶端引至地面拉线之间的所有零件。根据使用条件，拉线金具可分为紧线、调节和连接三类。紧线零件用于紧固拉线端部，与拉线直接接触，必须有足够的握着力。调节零件用于调节拉线的松紧。连接零件用于拉线组装。线路常用的拉线金具有楔型线夹、UT 形线夹、拉线用 U 形环、钢线卡子等。

三、绝缘子

架空输电线路常用的绝缘子有针式绝缘子、悬式绝缘子、瓷横担绝缘子、棒形悬式瓷绝缘子和复合绝缘子等。如图 1-14 所示。

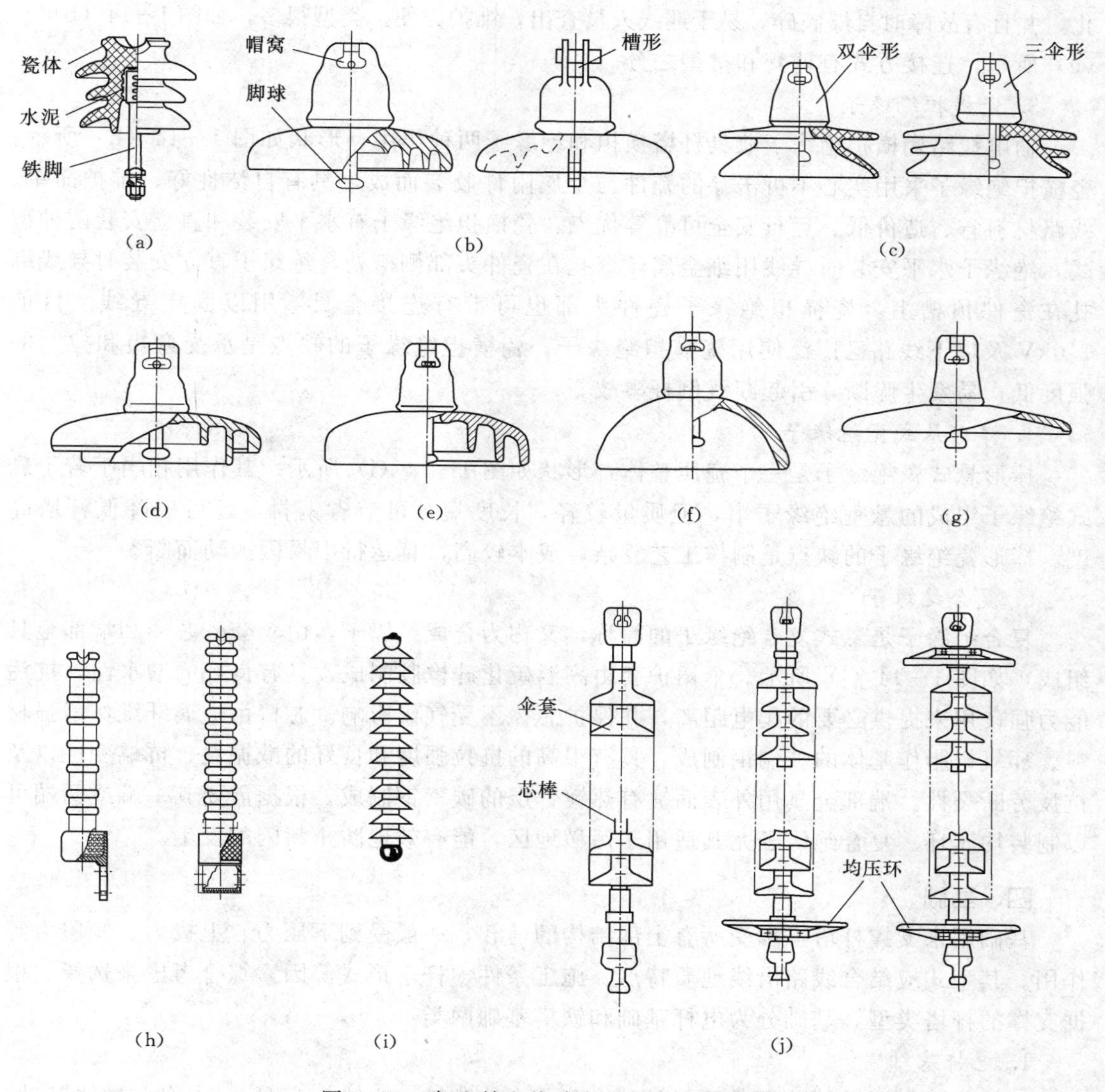

图1-14　架空输电线路常用的各种绝缘子
(a) 针式绝缘子；(b) 悬式绝缘子（标准形）；(c) 悬式绝缘子（多伞形）；(d) 悬式绝缘子（深棱形）；
(e) 悬式绝缘子（钟罩形）；(f) 悬式绝缘子（球面形）；(g) 悬式绝缘子（草帽形）；
(h) 瓷横担绝缘子；(i) 棒形悬式瓷绝缘子；(j) 复合绝缘子

1. 针式绝缘子

针式绝缘子［图1-14 (a)］制造简单、价格便宜，但耐雷水平不高，易闪络。用金属线将架空线绑在针式绝缘子顶部的槽中。这种绝缘子多用于电压不高（35kV以下）和架空线张力不大的线路。

2. 悬式绝缘子

悬式绝缘子多为圆盘，又称为盘形绝缘子，以往均为陶瓷制成，所以又称为瓷瓶，现在我国广泛已使用钢化玻璃制造。盘形玻璃绝缘子机械强度高，电气性能好，寿命长不老化，并且有故障时自爆破碎，易于巡线人员查出，维护方便。类型很多，如图1-14（b）～（g）所示，连接方式有球窝和槽型之分。

3. 瓷横担绝缘子

输电线路瓷横担绝缘子兼具杆塔横担和绝缘子两种作用，形状如图1-14（h）所示。瓷横担绝缘子采用实心不可击穿的瓷件与金属附件胶装而成，具有自洁性好、维护简单、线路材料省、造价低、运行安全可靠等优点。瓷横担绝缘子有水平安装和直立安装两种型式，绝缘子水平安装时导线用细金属丝绑扎在瓷件头部侧槽处，绝缘子直立安装时导线绑扎在瓷件顶槽上。瓷横担绝缘子瓷件头部也可带有连接金具，用以固定导线。目前110kV及以下线路已广泛使用瓷横担绝缘子。瓷横担绝缘子的缺点是承受弯矩和拉力的强度低，易发生脆断，引起断线倒杆事故。

4. 棒形悬式瓷绝缘子

棒形悬式瓷绝缘子是一个瓷质整体，形状如图1-14（i）所示。其作用相当于若干悬式绝缘子组成的悬垂绝缘子串，但质量较轻，长度短，可节省钢材，还可以降低杆塔高度。棒形瓷绝缘子的缺点是制作工艺复杂，成本较高，且运行中易因振动而断裂。

5. 复合绝缘子

复合绝缘子是悬式复合绝缘子的简称，又称为合成绝缘子，由伞套、芯棒和端部金具组成，如图1-14（j）所示。伞裙护套由高温硫化硅橡胶制成，具有良好的憎水性，抗污能力强，用来提供必要的爬电距离，并保护芯棒不受气候影响。芯棒由玻璃纤维作增强材料、环氧树脂作基体的玻璃钢制成，具有很高的抗拉强度和良好的减振性、抗蠕变性以及抗疲劳断裂性。端部金具用外表面镀有热镀锌层的碳素钢制成，根据需要其一端或两端可以制装均压环。复合绝缘子尤其适用于污秽地区，能有效地防止污闪的发生。

四、基础

基础用来支撑杆塔，承受所有上部结构的荷载，一般受到下压力、上拔力、倾覆力等作用。其型式应结合线路沿线地质特点、施工条件、杆塔形式等因素综合考虑来选择。根据支撑的杆塔类型，基础分为电杆基础和铁塔基础两类。

1. 电杆基础

电杆基础主要采用装配式预制基础，分为本体基础（也称为底盘）、卡盘和拉线基础，如图1-15所示。本体基础即底盘，用以承受电杆本体传递的下压力。卡盘承受倾覆力，起稳定电杆的作用。拉线基础承受上拔力的作用，可分为拉盘基础、重力式拉线基础和锚杆拉线基础，一般使用拉盘基础。当土质较差、最大一级拉盘基础也满足不了上拔力的要

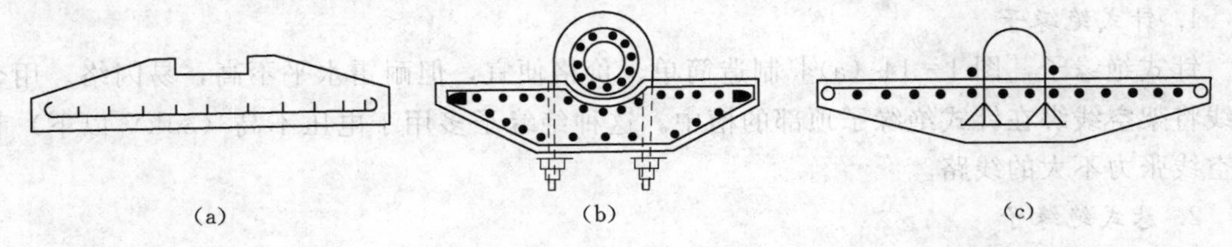

图1-15　电杆基础

（a）本体基础；（b）卡盘；（c）拉线基础

求时，必须使用重力式拉线基础。锚杆基础是将拉线棒用水泥砂浆或细石混凝土直接锚在岩孔内而成，一般用于微风化或中风化的岩石基地。

2. 铁塔基础

铁塔基础根据铁塔类型、地形地质、施工条件以及承受荷载的不同而不同，常见的有现浇混凝土基础、装配式基础、桩式基础、锚杆基础等，多用现浇混凝土基础。

现浇混凝土基础根据情况可配筋或无筋，塔腿下段主材可直接插入混凝土，或在混凝土内预埋地脚螺栓，以便与塔座连接，如图 1－16 所示。无筋混凝土基础多用于铁塔的上拔腿。

装配式基础（图 1－17）通常采用镀锌角铁组成格构形基础，铁塔主材下段是基础的一部分。施工时，基坑底层浇制混凝土垫层，装配格构形基础置于其上，回填土夯实即成装配式基础。装配式基础常用于线路基础的抢修。

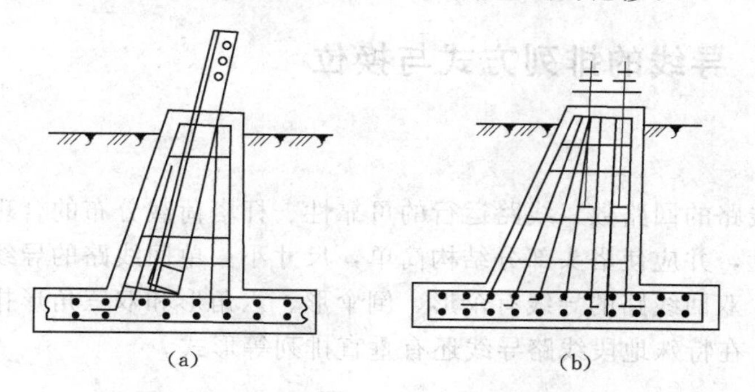

图 1－16　现浇混凝土基础

(a) 主材插入式钢筋混凝土基础；(b) 地脚螺栓式钢筋混凝土基础

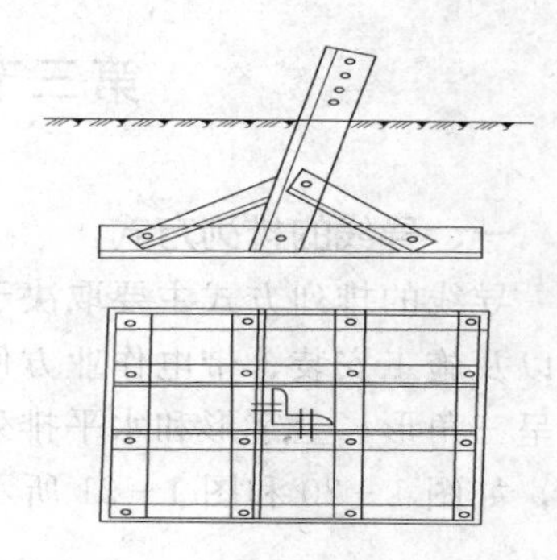

图 1－17　装配式基础

桩式基础（图 1－18）主要采用钢筋混凝土灌注桩，多用于河滩、淤泥地带等地基为弱土层的杆塔基础以及跨越高塔的基础。

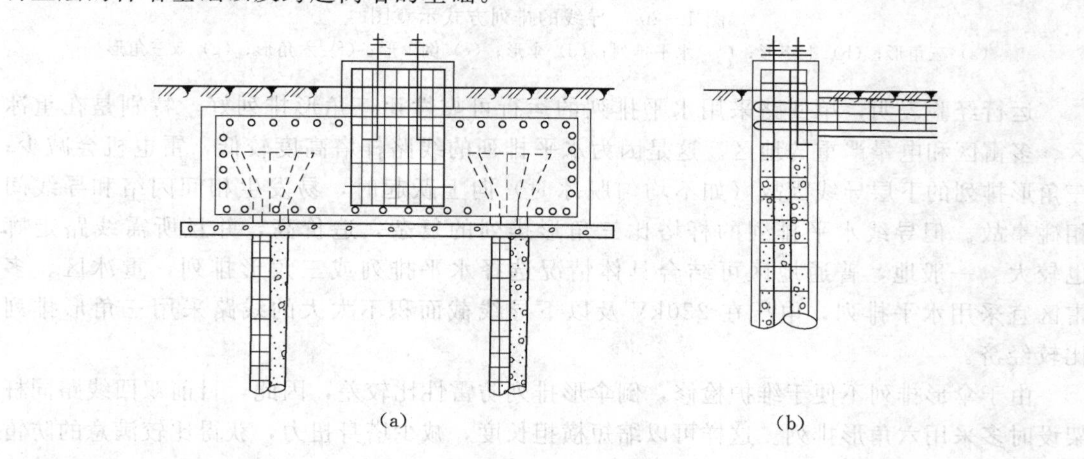

图 1－18　桩式基础

(a) 双柱承台式；(b) 单柱横梁式

锚杆基础用于山区岩石地带，利用岩石的整体性和坚固性做成，所以又称为岩石基础。常用锚杆基础如图 1－19 所示。

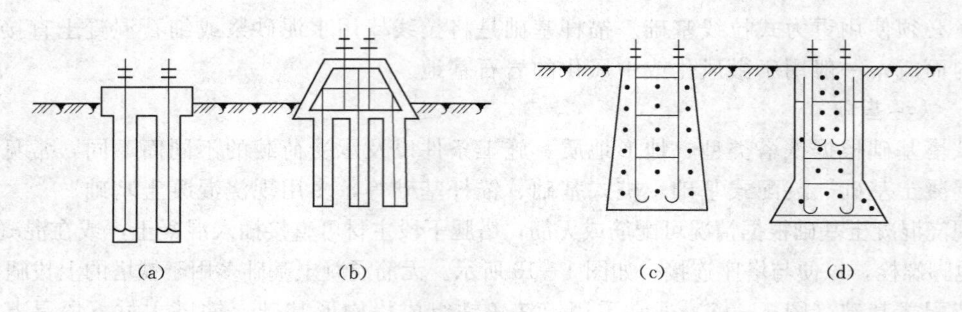

图 1－19　锚杆基础

(a) 直锚式；(b) 承台式；(c) 嵌固式；(d) 掏挖式

第三节　导线的排列方式与换位

一、导线的排列方式

导线的排列方式主要取决于线路的回路数、线路运行的可靠性、杆塔荷载分布的合理性以及施工安装、带电作业方便性，并应使塔头部分结构简单，尺寸小。单回线路的导线常呈三角形、上字形和水平排列，双回线路的导线有伞形、倒伞形、六角形和双三角形排列，如图 1－20 和图 1－21 所示。在特殊地段线路导线还有垂直排列等形式。

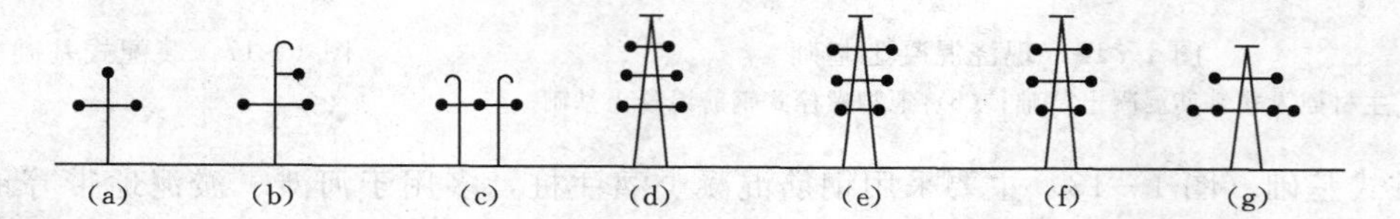

图 1－20　导线的排列方式示意图

(a) 三角形；(b) 上字形；(c) 水平排列；(d) 伞形；(e) 倒伞形；(f) 六角形；(g) 双三角形

运行经验表明，单回路采用水平排列的运行可靠性比三角形排列好，特别是在重冰区、多雷区和电晕严重的地区。这是因为水平排列的线路杆塔高度较低，雷电机会减少；三角形排列的下层导线因故（如不均匀脱冰时）向上跃起时，易发生相间闪络和导线间相碰事故。但导线水平排列的杆塔比三角形排列的复杂，造价高，并且所需线路走廊也较大。一般地，普通地区可结合具体情况选择水平排列或三角形排列，重冰区、多雷区宜采用水平排列，电压在 220kV 及以下导线截面积不太大的线路采用三角形排列比较经济。

由于伞形排列不便于维护检修，倒伞形排列防雷性比较差，因此，目前双回线路同杆架设时多采用六角形排列。这样可以缩短横担长度，减少塔身扭力，获得比较满意的防雷保护角，耐雷水平提高。

二、导线的换位

高压输电线路正常运行时，会在架空绝缘地线上感应出静电感应电压和纵感应电动势。静电感应电压是由于三相导线与绝缘地线和大地间的电容耦合产生的。输电线路全线

图 1-21　导线的排列方式实物图

(a) 三角形；(b) 上字形；(c) 水平排列；(d) 伞形；(e) 倒伞形；(f) 干字形；(g) 六角形

不换位时，220kV 线路的静电感应电压可达 10kV 以上，50kV 线路的感应电压为 50～60kV。由于架空地线相对三相导线的空间位置不对称，导线磁通在绝缘地线上产生沿线分布的纵感应电动势。纵感应电动势是沿线叠加的，并与输送容量成正比。220kV 线路输送 150MW・h 时纵感应电动势达 20V/km，500kV 线路输送 1200MW・h 时纵感应电动势达 70V/km。过高的感应电压会造成地线绝缘子间隙放电灼伤损坏，从而造成事故。另外，三相导线的排列不对称时，各相导线的电抗和电纳不相等会造成三相电流不平衡，引起负序电流和零序电流，可能引起系统内电机的过热，并对线路附近的其他弱电线路带来不良影响。解决这些问题的简便途径是输电线路的各相导线在空中轮流交换其位置。

（一）换位原理

换位的原则是保证各相导线在空间每一位置的长度总和相等。图 1-22 为全线采用一个或两个整循环换位的布置情况。图 1-22（a）为一个整循环换位，达到首端和末端相位一致。图 1-22（b）为两个整循环换位，达到首端和末端相位一致。与单循环换位相比，多循环换位总的换位数相对减少，有利于远距离输电线路的安全运行。

在中性点直接接地的电力网中，长度超过 100km 的输电线路均应换位。换位循环长

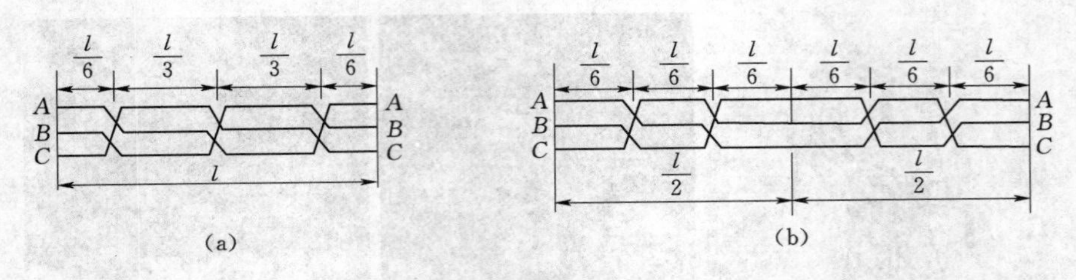

图 1-22　导线换位示意图

(a) 一个循环换位；(b) 两个循环换位

度不宜大于 200km。如一个变电站某级电压的每回出线虽小于 100km，但其总长度超过 200km，可采用换位或变换各回路的相序排列，以平衡不对称电流。中性点非直接接地的电力网，为降低中性点长期运行中的电位，可用换位或变换线路相序排列的方法来平衡不对称电容电流。

（二）换位方式

常见的换位方式有直线杆塔换位（滚式换位）、耐张杆塔换位和悬空换位，如图 1-23 所示。

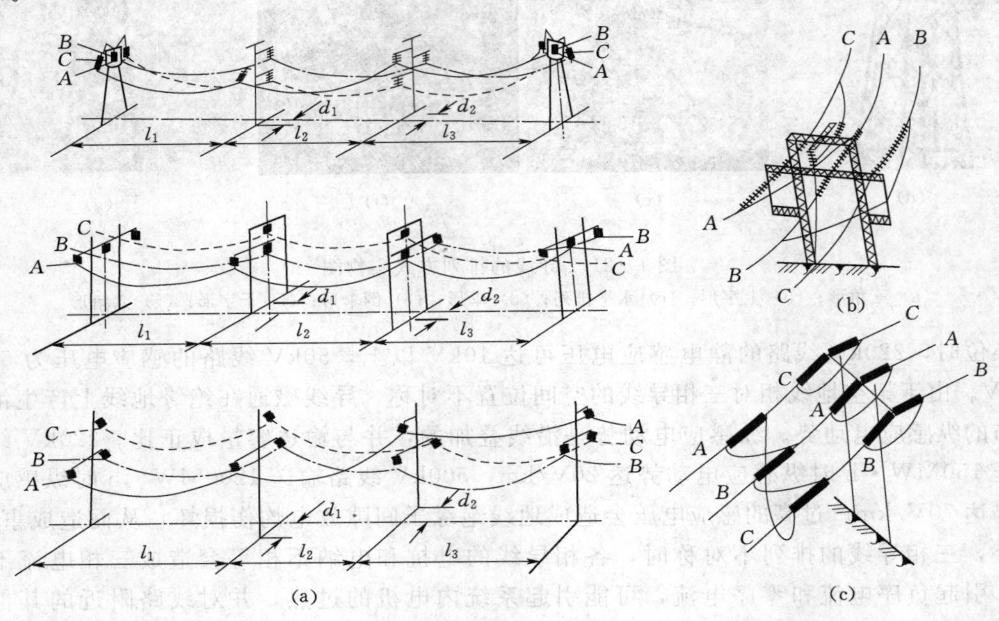

图 1-23　导线的换位方式

(a) 滚式换位；(b) 耐张塔换位；(c) 悬空换位

直线杆塔换位利用三角形排列的直线杆塔实现，在换位导线处有交叉，因而易发生短路现象，因此，直线杆塔换位广泛用于冰厚不超过 10mm 的轻冰区。为减小换位处由于排列方式的改变引起的悬垂绝缘子串的偏摆，换位杆塔的中心应偏离线路中心线。

耐张杆塔换位需要特殊的耐张换位杆塔，造价较高，但导线间距比较稳定，运行可靠性高。

悬空换位不需要特殊设计的耐张杆塔，仅在每相导线上再单独串接一组绝缘子串，通过交叉跳接，实现导线的换位。单独串接的绝缘子串承受的是线间电压，其绝缘强度一般应比对地绝缘高30%～50%。

（三）导线换位的优化

导线换位处是线路绝缘的薄弱环节，在满足要求的前提下应尽量简化换位，减少换位处数量。由于单回路水平排列线路的对称性，导线ABC和CBA的排列是等效的，因此，只要安排A、B、C三相处于中相位置的长度各占线路的1/3，即可达到换位要求。三角排列线路的换位也可据此进行优化。图1-24为两种换位优化方式。图1-24（a）要求$a+d=b=c=l/3$，采用直线杆塔换位时，传统方式需要5基换位杆塔，优化方式只需3基；图1-24（b）传统方式要求$a+d=b=c=l/3$，优化方式要求$e+i=f+h=g=l/3$，采用直线杆塔换位时，传统方式需要6基换位杆塔，优化方式只需4基。

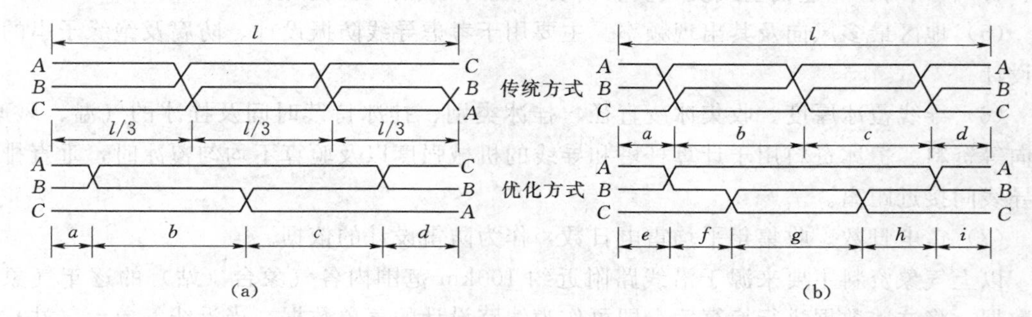

图1-24　导线的优化换位方式

（a）换位且倒相；（b）换位不倒相

三、地线的换位

当绝缘地线用作载波通信或屏蔽线，两点及多点接地时，为了降低能量损失，应当进行换位。地线换位应保证对每一种导线排列段，每根地线处于两侧位置的长度相等，并应注意其换位处和导线换位处错开。

导线的换位方式主要有两种：一种是从杆塔顶直接向上或向下交叉绕跳，但要注意地线与杆塔的间隙距离；另一种是在杆塔顶设置针式绝缘子，用以固定交叉跳线，放电间隙制作在针式绝缘子上，这种换位方式工作比较可靠。

第四节　架空线路设计气象条件及换算

架空线路长期露置在大气中，经常受到自然条件（如大风、覆冰、气温变化、雷击等）的影响。作用在线路上的机械荷载是随气象情况的不断变化而变化的，对线路力学计算影响较大的因素是风速、覆冰及气温。

一、气象条件的收集和用途

架设在野外的输电线路，长年遭受大自然中各种气象因素的侵袭。为了使线路的杆塔强度和电气性能适应自然界气象的变化，保证线路的安全运行，必须全面掌握沿线地区可能出现的气象情况，正确地采用设计气象条件。因此，应详细收集沿线气象台（站）的气象资料。一般根据线路设计的要求，气象资料收集的内容和用途如下：

（1）历年极端最高气温。用以计算导线最大弧垂和导线发热。

（2）历年极端最低气温。用以计算杆塔强度，检验导线上拔力等，因为在最低气温时，导线可能产生最大应力。

（3）历年年平均气温。主要用来确定年平均气温，计算导线的年平均气温时的应力，以确定导线的防振设计。

（4）历年最大风速及最大风速月的平均气温。这是线路设计气象条件的主要资料。收集最大风速月的平均气温，其目的是确定最大风速时的气温。最大风速是计算杆塔和导线机械强度的基本条件之一。收集历年最大风速时，还必须收集最大风速的出现时间（年、月、日）、风向、风速仪型式及其安装高度、观测时距和观测次数。

（5）地区最多风向及其出现频率。主要用于考虑导线防振设计、防腐及绝缘子串的防污设计。

（6）导线覆冰厚度。收集冰凌直径、挂冰类别、挂冰持续时间及挂冰的气温、风速、风向等资料。覆冰资料用于计算杆塔和导线的机械强度以及验算不均匀覆冰时，垂直排列的导线间接近距离。

（7）雷电日数。收集年平均雷电日数，作为防雷设计的依据。

以上气象资料主要来源于沿线路附近约100km范围内各气象台（站）的逐年气象记录数据。将这些数据进行换算后，即可作为线路设计的气象数据。当沿线气象台（站）较少或距线路较远时，一方面可调查了解沿线附近运行的输电线路及电信线路曾遇到的气象情况（当地曾发生的异常气象，如风暴、结冰、雷击等）引起的灾害；另一方面可收集距线路更远的气象台（站）的气象资料，以做参考，使线路的设计气象条件更符合实际情况。

二、气象条件的换算

输电线路在运行过程中将连续经历很多种气象情况，而机械设计计算时，则需要选取那些对线路各部件强度起控制作用的气象条件。这些设计用气象条件一般有9种：最高气温、最低气温、年平均气温、最大风速、最大覆冰、内过电压（即操作过电压）情况、外过电压（即大气过电压）情况以及安装情况、断线事故情况等。

1. 设计用气象条件的选取

在进行架空线路计算时，需将收集到的风速、覆冰厚度等气象资料进行换算，经过换算确定出设计用气象条件。

（1）最大风速的选取。由于气流和地面的摩擦，风速沿高度的分布是不均匀的，离地面越高，风速越大。所以从气象台收集到的风速数值与风速仪的安装高度有关，另外，风速的测记方式不同，得到的风速数值也不同。我国许多气象台普遍采用每天定时观测4次，时距为2min的平均风速测记方式。我国DL/T 5092—1999《110～500kV架空送电线路设计技术规程》规定，设计风速是指离地面15m高处若干年（例如15年）一遇的连续自记10min的平均风速。所以，需要把收集到的风速进行一些换算才能得到最大风速。

1）次时换算：将风速仪安装高度为 h 的四次定时，时距 2min 的平均风速 v_2，换算为高度仍为 h 时的连续自记 10min 的平均风速 v_h。四次定时 2min 平均风速与自记 10min 平均风速的换算公式：

$$v_h = Av_2 + B \tag{1-4}$$

式中　v_h——风速仪高度 h(m) 处的连续自记 10min 平均风速，m/s；

v_2——四次定时 2min 平均风速，m/s；

A、B——次时换算系数，各地区次时换算系数及适用范围见表 1-5。

表 1-5　各地区次时换算系数及适用范围

地区	A	B	适用范围
华北	0.822	7.82	北京、天津、河北、河南、山西、内蒙古、关中、汉中
东北	1.04	3.20	辽宁、吉林、黑龙江
西北	1.004	2.57	陕北、甘肃、宁夏、青海、新疆、西藏
西南	0.576	11.57	贵州
云南	0.625	8.04	云南
四川	1.25	0	四川
湖北	0.732	7.0	湖北
湖南	0.68	9.54	湖南
广东	1.03	4.15	广东
江苏	0.78	8.41	江苏
山东	1.03	3.76	山东
浙江	1.262	0.53	浙江

2）高度换算：风速仪的安装高度不一定是 15m，因此，需将风速仪安装为 h 时的连续自记 10min 的平均风速 v_h 换算为离地面 15m 高度时的连续自记 10min 的平均风速 v_{15}，一般可按式（1-5）计算：

$$v_{15} = K_0 v_h \tag{1-5}$$

式中　v_{15}——距地面高度为 15m 的连续自记 10min 的平均风速，m/s；

v_h——距地面高度为 h（m）处的连续自记 10min 的平均风速，m/s；

K_0——风速高度换算系数，可由表 1-6 查取。

表 1-6　风速高度换算系数

风仪高度/m	8	10	12	14	15	16	18	20	22	24	26	28	30
系数	1.11	1.101	1.036	1.011	1.0	0.99	0.976	0.956	0.942	0.93	0.92	0.908	0.90

3）最大风速的选取：DL/T 5092—1999《110～500kV 架空送电线路设计技术规程》规定，线路应按其重要程度的不同，分别考虑最大风速的重现期。对 35～110kV 线路，应采用 15 年一遇；对 220～330kV 线路，应采用 30 年一遇；对 500kV 线路，应采用 50

年一遇。重现期越长，说明该风速越稀少，即风速越大。最大风速的选取，是根据搜集到的历年最大风速值（经过了次时、高度换算后），用比较简单方便的“经验频率法”确定。其计算公式为

$$P=\frac{m}{n+1} \tag{1-6}$$

式中　P——最大风速出现的频率；

n——统计风速的总次数；

m——将统计年份内出现的全部最大风速值由大到小按递减顺序列表编号（每个风速不论数值是否相同皆须占一个编号），则序号即为该风速的 m 值。

若想选取 DL/T 5092—1999《110～500kV 架空送电线路设计技术规程》要求保证的几十年一遇的最大风速，可将“几十年一遇”变为相应的风速出现率 P（即取年数的倒数，如 15 年一遇，$P=1/15=0.0667$；30 年一遇，$P=1/30=0.033$；50 年一遇，$P=1/50=0.02$），然后将 P 和总次数 n 代入式（1-6），求出该风速的 m 值，序号 m 所对应的风速，即为所求的最大风速选用值（若求出的 m 不是整数，则可用插入法求得）。

例：求取 n 年一遇的最大风速的确定，20 年的风速从大到小排列。如 20 年的统计风速见表 1-7。

表 1-7　　20 年最大风速表

年份	1951	1952	1953	1954	1955	1956	1957	1958	1959	1960
最大风速/(m/s)	21.8	21.2	29.2	26.7	23.2	25.0	29.0	27.7	30.3	22.0
年份	1961	1962	1963	1964	1965	1966	1967	1968	1969	1970
最大风速/(m/s)	21.0	27.1	24.0	30.3	27.1	24.0	18.6	23.2	27.1	34.2

根据条件列出风速排序表，见表 1-8。

表 1-8　　风速排序表

序号	1	2	3	4	5	6	7	8	9	10
最大风速/(m/s)	34.2	30.3	30.3	29.2	29.0	27.7	27.1	27.1	27.1	26.7
P	0.0476	0.0952	0.143	0.190	0.238	0.286	0.333	0.381	0.429	0.476
序号	11	12	13	14	15	16	17	18	19	20
最大风速/(m/s)	25.0	24.0	24.0	23.2	23.2	22.0	21.8	21.2	21.0	18.6
P	0.524	0.571	0.619	0.667	0.714	0.762	0.809	0.857	0.905	0.952

插值法：

$$\frac{y-y_1}{x-x_1}=\frac{y_2-y_1}{x_2-x_1}\bigg|_{y=\frac{1}{n}}$$（x 为风速与之对应的频率）

$$x=\left[\frac{x_2-x_1}{y_2-y_1}\right](y-y_1)+x_1 \tag{1-7}$$

例如：15年一遇的最大风速为

$$p=\frac{1}{15}=0.0667 \tag{1-8}$$

$$x=\frac{30.3-34.2}{0.0952-0.0476}\times(0.0667-0.0476)+34.2=32.63(\text{m/s}) \tag{1-9}$$

（2）覆冰厚度的选取。在设计线路时，采用的覆冰厚度也应取15年一遇的数值，但当这方面的气象观测资料积累较少。在很难得到较为准确的覆冰厚度数值时，应当注意调查线路通过地区的已有输电线、通信线及自然物上的覆冰情况，根据当地的线路运行经验确定覆冰厚度。架空线上的覆冰厚度是指比重为0.9g/cm³等厚中空圆筒形的冰层厚度。然而实际覆冰断面可能是各种不规则形状，此时应将其换算成圆筒形，以便于计算。常用的换算方法有以下两种：

1）测水重法。如果将试样长度为L的冰层全部收集起来，待冰融化后称其重量为G，则换算标准状态（比重为0.9，成圆筒形）的冰层厚度为

$$b=\sqrt{R^2+\frac{G\times10^3}{\pi\rho L}}-R \tag{1-10}$$

式中　b——标准覆冰厚度，mm；

R——无冰架空线的半径，mm；

G——试样冰层融化后的质量，kg；

L——导线取试样冰段长度，m；

ρ——冰的标准比重，g/cm³，ρ取0.9。

2）测总重法。测每米覆冰架空线试样的总质量，算出标准状态的冰层厚度为

$$b=\sqrt{R^2+\frac{(G_1-G_2)\times10^3}{\pi\rho}}-R \tag{1-11}$$

式中　G_2——每米覆冰架空线的总质量，kg/m；

G_1——每米无冰架空线的质量，kg/m；

ρ——冰的标准比重，g/cm³，ρ取0.9；

其他符号意义同前。

（3）气温的选取。

1）最高气温一般取40℃，不考虑个别高于或低于40℃的记录。

2）最低气温偏低地取5的倍数。

3）年平均气温，取逐年的年平均气温平均值。在3～17℃范围内时取与此数邻近5的倍数值；若地区年平均气温小于3℃或大于17℃，则将年平均气温减少3～5℃后，选用与此数临近的5的倍数值。

4）最大风速时的气温，取出现最大风速年的大风季节的最冷月平均气温，偏低地取

5 的倍数。

2. 设计用气象条件的组合及典型气象区

设计用气象条件由风速、气温和覆冰组合而成，这种组合除在一定程度上反映自然界的气象规律外，还应考虑输电线路结构和技术经济的合理性。因此，必须根据以往设计经验结合实际情况，慎重地分析原始气象资料，合理地概括出组合气象条件。在进行气象条件的组合时，一般应满足：线路在大风、覆冰及最低气温时，仍能正常运行；在断线事故情况下不倒杆，事故不扩大；线路在正常运行情况下，在任何季节里，导线对地或对跨越物保持足够的安全距离；在长期运行中，应保证导线和避雷线有足够的耐振性能；线路在安装过程中，不致发生人身或设备损坏事故。

(1) 各种气象条件的组合情况。

1) 线路正常运行情况下的气象条件组合。线路在正常运行中使导线及杆塔受力最严重的气象条件有最大风、最大覆冰及最低气温三种情况，但这三种最严重的气象条件不应组合在一起。因为最大风速的出现是冷热气流的热量交换加速所致，一般多在夏秋季节发生，而最低气温则在冬秋无风时出现；又因最大风速或最低气温时，大气中均无“过冷却”水滴存在，所以架空线不可能覆冰。因此，线路在正常情况下的气象条件组合为：最大风速、无冰和相应的气温（大风季节最冷月的平均气温）；最低温度、无冰、无风；最大覆冰、相应风速、气温为－5℃；年平均气温、无风、无冰。前三组气象条件下，导线应力可能为最大值。最大风和最大覆冰时导线的机械荷载大；最低温度时，导线收缩而使导线应力增加。在这三组荷载下，导线的应力不得超过允许应力。最后一组为平均运行应力的气候条件组合。它是从导线防振的观点提出的。因为导线振动是发生在均匀稳定的微风情况下，所以近似地取风速为 0。导线振动时，会给导线施加一个附加应力，因而在导线振动时，导线的静态应力要控制在一定限度内。

2) 线路事故情况下的气象条件组合。这里线路事故情况仅指断线情况，不包括杆塔倾覆或其他停电等事故。断线大多是由外力引起的，与气象条件无规律性联系。而计算断线的目的在一定意义上说，是为了计算杆塔强度，其气象条件是根据以往运行经验而确定的。规程规定的断线情况气象条件组合为：覆冰厚度为 10mm 以下地区无风、无冰、历年最低气温月的最低平均气温值；覆冰厚度为 10mm 以上地区有冰、无风、气温为－5℃。

3) 线路安装和检修情况下的气象条件组合。线路一年四季中均有安装、检修的可能，但遇严重气象情况时则应暂停。DL/T 5092—1999《110～500kV 架空送电线路设计技术规程》规定：“遇有 6 级（风速为 10.8～13.8m/s）以上大风，禁止高空作业。”因此，安装、检修情况下的气象条件组合为：10m/s、无冰、气温为最低气温月的平均气温。这一气象条件组合基本上能概括全年的安装、检修时的气象情况，但对其他特殊情况，如冰、风中的事故抢修，或安装中途出现大风等情况，只有靠安装时用辅助加强措施来解决。

(2) 典型气象区。为了设计、制造上的标准化和统一性，根据我国不同地区的气象情况和多年的运行经验，DL/T 5092—1999《110～500kV 架空送电线路设计技术规程》把全国划分成九个典型气象区，见表 1－9。当所设计线路经过地区的气象情况接近某一典型气象区的气象情况时，可直接取用该典型气象区的气象条件进行组合；若所设计线

路经过地区的气象情况与各典型气象区的气象条件相差悬殊时，则应按实际搜集的气象资料经过换算、组合为设计气象条件进行设计。

表 1-9　　全国典型气象区气象条件

典型气象区		Ⅰ	Ⅱ	Ⅲ	Ⅳ	Ⅴ	Ⅵ	Ⅶ	Ⅷ	Ⅸ
大气温度/℃	最高温	40								
	最低温	−5	−10	−10	−20	−10	−20	−40	−20	−20
	覆冰	—				−5				
	基本风速	10	10	−5	−5	10	−5	−5	−5	−5
	安装	0	0	−5	−10	−5	−10	−15	−10	−10
	雷电过电压	15								
	操作过电压、年平均气温	20	15	15	10	15	10	−5	10	10
风速/(m/s)	基本风速	31.5	27.0	23.5	23.5	27.0	23.5	27.0	27.0	27.0
	覆冰	10①							15	
	安装	10								
	雷电电压	15	10							
	操作过电压	$0.5v_{max}$（不低于 15m/s）								
覆冰厚度/mm		0	5	5	5	10	10	10	15	20
冰的密度/(g/cm³)		0.9								

①　一般情况下覆冰风速为 10m/s，当有可靠资料表明需加大风速时可取 15m/s。

第五节　架空线路设计流程及路径选择

架空线路设计，一般分为初步设计和施工图设计两个阶段。初步设计是工程设计的重要阶段，主要的设计原则，都在初步设计中明确，应尽全力研究透彻。初步设计阶段应着重对不同的线路路径方案进行综合的技术经济比较，取得有关协议，选择最佳的路径方案；充分论证导线和避雷线、绝缘配合及防雷设计的正确性，确定各种电气距离；认真选择杆塔及基础形式；合理进行通信保护设计；对于严重污秽区、大风和重冰雪地区、不良地质和洪水危害地段、特殊大跨越设计等均要列出专题进行调查研究，提出专题报告。施工图设计是按照初步设计原则和设计审核意见所作的具体设计，由施工图纸和施工说明书、计算书、地面标桩等组成。

一、初步设计

在初步设计阶段为了确定设计原则，需编写初步设计书并附相关图纸；为了工程建设加工订货，需编写设备材料清册，估计主要设备材料的数量；为了国家有计划的进行经济建设，安排工程投资和施工单位合理的使用资金，需编写概算书；为了合理的组织施工，需编写施工组织设计。因此，初步设计一般要编写设计书及附图、设备材料清单、施工组织设计、概算书四卷设计。

二、施工图设计

初步设计上报上级主管部门后，上级主管部门召集运行、建设、施工单位以及建设银行共同审查初步设计，提出初步设计审核意见。设计单位依据初步设计审核意见进行施工图设计。设计包括施工图总说明书及附图、线路平断面图及杆塔位明细表、机电施工图及说明书、杆塔施工图及说明书、基础施工图及说明书、大跨越设计施工图及说明书、通信保护施工图及说明书、预算书、勘测资料、工程技术档案资料。

三、设计程序

架空线路的设计程序，大体上用方框图表示。但实际上不可避免的有一定的交叉、反复、充实的过程。

四、选线的步骤

要使输电线路设计的既安全可靠，又经济合理，必须对线路情况作全面而细致地调查研究，以便正确地选定线路的路径方案。路径选择的目的，就是要在线路起止点间选出一个全面符合国家建设各项方针政策的最合理的线路路径。因此，选线人员在选择线路路径时，应遵循各项方针、政策，对运行安全、经济合理、施工方便等因素进行全面考虑，综合比较，选择出一个技术上、经济上合理的线路路径。选线一般分为室内图上选线和现场选线两条进行。

1. 室内图上选线

图上选线在比例尺为1：50000或1：100000的地形图上进行。必要时也可选用比例尺为1：50000更大的地形图。其步骤如下：

（1）先在图上标出线路起止点、必经点，然后根据收集到的资料，避开一些设施和影响范围，同时考虑地形和交通条件等因素，按照线路路径最短的原则，给出几个方案，经过比较，保留两个较好的方案。

（2）根据系统远景规划，计算短路电流，校验对重要电信线路的影响，提出对路径的修正方案或防护措施。

（3）向邻近或交叉跨越设施的有关主管部门征求线路路径的意见，并签订有关协议。签订协议应遵循国家有关法律、法令和有关规程的规定，应本着统筹兼顾互谅互让的精神来进行。

（4）进行现场踏勘，验证图上方案是否符合实际。有时可不沿全线踏勘，而仅对重点地段如重要跨越，拥挤地段、不良地质地段进行重点踏勘。对协议单位有特殊要求的地段、大跨越地段、地下采空区、建筑物密集预留走廊地段等用仪器初测取得必要得数据。经过上述各项工作后，再通过技术经济比较，选出一个合理的方案。

2. 现场选线

现场选线是把室内选定的路径在现场落实、移到现场；为定线、定位工作确定线路的最终走向；设立必要的线路走向的临时目标（转角桩、为线路前后通视用的方向桩等），定出线路中心线的走向，在现场选线过程中，还应顾及到塔位，特别是一些特殊塔位（如转角、跨越点、大跨越等）是否能够成立。现场选线可以在定线、定位前进行，也可以与定线工作一起进行。

五、路径选择的原则

(1) 选择线路路径时应遵守我国有关法律和法令。

(2) 在可能的条件下，应使路径长度最短、转角少、角度小、特殊跨越少、水文地质条件好、投资少、省材料、施工方便、运行方便、安全可靠。

(3) 沿线交通便利，便于施工、运行，但不要因此使线路长度增加较多。

(4) 线路应尽可能避开森林、绿化区、果木林、防护林带、公园等，必须穿越时也应从最窄处通过，尽量减少砍伐树木。

(5) 路径选择应尽量避免拆迁、减少拆迁房屋和其他建筑物。

(6) 线路应避开不良地质地段，以减少基础施工量。

(7) 应尽量少占农田，不占良田。

(8) 应避免与同一河流工程设施多次交叉。

六、选线的技术要求

(1) 线路与建筑物平行交叉，线路与特殊管道交叉或接近，线路与各种工程设施交叉和接近时，应符合规程的要求。

(2) 线路应避开沼泽地、水草地、易积水地及盐碱地。线路通过黄土地区时，应尽量避开冲沟、陷穴及受地表水作用后产生强烈湿陷性地带。

(3) 线路应尽量避开地震烈度为Ⅵ度以上的地区，并应避开构造断裂带或采用直交、斜交方式通过断裂带。

(4) 线路应避开污染地区，或在污染源的上风向通过。

(5) 线路转角点宜选在平地或山麓缓坡上。转角点应选在地势较低，不能利用直线杆塔或原拟用耐张杆塔的处所。转角点应有较好的施工紧线场地并便于施工机械到达。转角点应考虑前后两杆塔位置的合理性，避免造成相邻两档档距过大或过小使杆塔塔位不合理或使用高杆塔。线路转角点不宜选在高山顶、深沟、河岸、堤坝、悬崖、陡山坡或易被洪水冲刷、淹没之处。

(6) 跨河点选择：

1) 尽量选择在河道狭窄、河床平直、河岸稳定、不受洪水淹没的地段。对于跨越塔位应注意地层稳定、河岸无严重冲刷现象。塔位土质均匀无软弱地层存在（淤泥、湖沼泥炭、易产生液化的饱和砂土等），且地下水位较深。

2) 不宜在码头、泊船的地方跨越河流。避免在支流入口处、河道弯曲处跨越河流。避免在旧河道、排洪道处跨越。

3) 必须利用江心岛、河漫滩及在河床架设杆塔时，应进行详细的工程地质勘探、水文调查和河断面测量。

(7) 山区路径选择：

1) 尽可能避开陡坡、悬崖、滑坡、崩塌、不稳定岩堆、泥石流、喀斯特溶洞等不良地质地段。

2) 线路与山脊交叉时，应从山鞍部经过。线路沿山麓经过时，注意山洪排水沟位置，尽量一档跨过。线路不宜沿山坡走向，以免增加杆高或杆位。

3）在北方，应避免沿山区干河沟架线。必要时，杆位应设在最高洪水位以上不受冲刷的地方。

4）特别注意交通问题、施工和运行维护条件。

(8) 矿区选线。应尽量避开塌陷及可能塌陷的地方，避开爆破开采或火药库事故爆炸可能波及的范围。应避免通过富矿区，尽量绕行于矿区边沿。如果线路必须通过开采区或采空区时，应根据矿区开采情况、地质及下沉情况，计算和判断地表稳定度。保证基础的下沉不影响线路的安全运行。

(9) 严重覆冰地区选线：

1）要调查清楚已有线路、植物等的覆冰情况（冰厚，突变范围）、季节风向、覆冰类型、雪崩地带等。避免在覆冰严重地段通过。

2）避免靠近湖泊且在结冰季节的下风向侧经过，以免出现严重结冰现象。

3）避免出现大档距，避免在山峰附近迎风面侧通过。

4）注意交通运输情况，尽量创造维护抢修的便利条件。

七、路径协议

当跨越与接近重要地区（如铁路、公路、航运、厂矿、邮电、机场等）时，在线路初步确定后，应与有关单位进行协议，取得书面答复文件。此外，还应与市、县规划部门协商，取得规划部门的同意。

小　结

(1) 特高压交流输电的优点：输送容量大、线路损耗小、稳定性好、经济指标高。

(2) 特高压直流输电与交流输电相比的特点：输送功率相同时，线路造价低；没有电容电流产生，线路损耗小；可实现不同频率交流系统之间的不同步联系，系统更稳定；输送功率调节方便，能限制系统的短路电流等。

(3) 紧凑型输电线路的特点：结构紧凑，线路走廊占地少；自然输送功率增大；综合成本低等。

(4) 导线的布置可采用水平、垂直和三角排列。

(5) 架空输电线路的组成元件主要有导线、架空地线（或称避雷线，简称地线）、金具、绝缘子、杆塔、拉线和基础。

(6) 杆塔按其在线路上的用途可分为直线杆塔、耐张杆塔、转角杆塔、终端杆塔、跨越杆塔和换位杆塔。

(7) 线路金具在架空输电线路中起着支持、紧固、连接、接续、保护导线和避雷线的作用，可分为支持金具、紧固金具、连接金具、接续金具、保护金具。

(8) 输电线路常用的绝缘子有针式绝缘子、悬式绝缘子、横担绝缘子、棒形绝缘子和复合绝缘子。

(9) 基础可分为电杆基础和铁塔基础两类。

(10) 单回线路的导线常呈三角形、上字形和水平排列，双回线路的导线有伞形、倒伞形、六角形和双三角形排列。

（11）常见的换位方式有直线杆塔换位（滚式换位）、耐张杆塔换位和悬空换位。

（12）对线路影响较大的主要因素有风速、覆冰及气温。

（13）架空线路设计流程及路径选择：初步设计、施工图设计、设计程序、选线的步骤、路径选择、选线的技术要求、路径协议。

习　题

（1）架空输电线路的组成元件主要有哪些？

（2）架空线的常用材料及其特性是什么？

（3）杆塔按在线路上的用途可以分为哪几种？

（4）按照金具的性能及用途大致可分为几种？

（5）导线常用的排列方式主要有哪些？

（6）导线常见的换位方式是什么？

（7）对线路力学计算影响较大的三大因素是什么？

（8）覆冰厚度常用的换算方法有哪两种？

（9）气温选取的基本原则是什么？

（10）架空线路的基本设计流程有哪些？

（11）直流输电与交流输电相比具有哪些特点？

（12）什么是设计用气象条件？线路在正常运行情况下的气象条件组合有几种？

参　考　文　献

[1] 崔军朝，陈家斌．电力架空线路设计与施工［M］．北京：中国水利水电出版社，2011.

[2] 孟遂民．架空输电线路设计［M］．北京：中国电力出版社，2015.

[3] 张忠亭．架空输电线路设计原理［M］．北京：中国电力出版社，2010.

[4] 柴玉华，王艳君．架空线路设计［M］．北京：中国水利水电出版社，2001.

[5] 郭思顺．架空送电线路设计基础［M］．北京：中国电力出版社，2010.

[6] 李燕．输电线路设计基础［M］．郑州：黄河水利出版社，2013.

[7] 刘树堂．输电杆塔结构及其基础设计［M］．北京：中国水利水电出版社，2005.

[8] 刘增良，杨泽江．输配电线路设计［M］．北京：中国水利水电出版社，2004.

[9] 宁岐．架空配电线路实用技术［M］．北京：中国水利水电出版社，2009.

第二章

均匀荷载孤立档距导线力学基本计算

第一节　导线的机械物理特性及比载

一、导线的机械物理特性

导线的机械物理特性是指瞬时破坏应力、弹性系数、温度线膨胀系数及比重。

1. 导线的瞬时破坏应力

对导线做拉伸试验，将测得的瞬时破坏拉断力除以导线的截面积，就得到瞬时破坏应力，可用式（2-1）表示：

$$\sigma_p=\frac{T_p}{S} \tag{2-1}$$

式中　σ_p——导线的瞬时破坏应力，MPa；

T_p——导线瞬时破坏拉断力，N；

S——导线截面积，mm^2。

对于钢芯铝绞线来说，σ_p 是指综合瞬时破坏应力。

钢芯铝胶线的瞬时破坏力：

$$\sigma_p=\frac{0.95A_a\sigma_{ap}+0.85A_s\sigma_{sp}}{A_a+A_s} \tag{2-2}$$

式中　A_a——铝导体截面；

A_s——钢导体截面；

σ_{ap}——铝的综合瞬时破坏应力；

σ_{sp}——钢的综合瞬时破坏应力。

2. 导线的弹性系数

导线的弹性系数是指在弹性限度内，导线受拉力时，其应力与应变的比例系数，其值用式（2-3）表示：

$$E=\frac{\sigma}{\varepsilon}=\frac{TL}{S\Delta L} \tag{2-3}$$

式中　E——导线的弹性系数，MPa；

T——导线拉力，N；

S——导线截面积，mm^2；

L——导线的原长，m；

ΔL——导线的伸长量，m；

σ——导线应力，MPa；

ε——导线应变，即导线受拉力时的单位长度的变形量，$\varepsilon=\frac{\Delta L}{L}$。

导线弹性系数的倒数，称为弹性伸长系数 β，即：$\beta=\frac{1}{\varepsilon}=\frac{\varepsilon}{\sigma}$，弹性伸长系数的物理含义，就是表征导线施以单位应力时能产生的相对变形。

钢芯铝绞线弹性系数特点是钢部与铝部的综合。当其受拉力作用时两部分绞合得更加紧密，因此可以认为两部分具有相同的伸长量，即钢线部分与铝线部分的应变相等。公式导出：设钢芯铝绞线的截面积为 A，钢部截面积为 A_s，铝部截面积为 A_a，在拉力作用下相应的平均应力分别为 σ、σ_s、σ_a，产生的应变为 $\varepsilon=\varepsilon_s=\varepsilon_a$。根据胡克定律，有

$$\sigma=E\varepsilon$$

$$\sigma=E_s\varepsilon_s$$

$$\sigma=E_a\varepsilon_a$$

$$\varepsilon=\frac{\sigma}{E}=\frac{T}{EA}$$

$$\varepsilon_s=\frac{\sigma_s}{E_s}=\frac{T_s}{E_sA_s}$$

$$\varepsilon_a=\frac{\sigma_a}{E_a}=\frac{T_a}{E_aA_a}$$

由于

$$T=T_s+T_a \qquad \varepsilon=\varepsilon_s=\varepsilon_a$$

可以解得

$$E=\frac{E_sA_s+E_aA_a}{A}=\frac{E_sA_s+E_aA_a}{A_s+A_a}$$

令 $m=A_a/A_s$（m 称为铝钢截面比，$\delta=1/m$ 称为钢比），则

$$E=\frac{E_s+mE_a}{1+m}=\frac{\delta E_s+E_a}{1+\delta} \tag{2-4}$$

式中　E_a——铝线弹性系数，计算时取 59000MPa；

E_s——钢线弹性系数，计算时取 196000MPa；

E——综合弹性系数。

3. 导线的温度线膨胀系数

导线温度升高 1℃引起的相对变形量（应变），称为导线的温度线膨胀系数，用式(2-5)表示：

$$\alpha=\frac{\varepsilon}{\Delta t} \tag{2-5}$$

式中　α——导线温度线膨胀系数，1/℃；

ε——温度变化引起的导线相对变形量；

Δt——温度变化量，℃。

钢芯铝胶线的温度线膨胀系数：

$$\alpha=\frac{\alpha_sE_s+m\alpha_aE_a}{E_s+mE_a} \tag{2-6}$$

式中　α_a、α_s——铝、钢的温度线膨胀系数；

m——铝、钢截面比。

注意：对各型钢芯铝线，系指综合瞬时破坏应力。力的单位用 1F＝9.80665N 进行了换算。

二、导线的比载

作用在导线上的机械荷载有自重、冰重和风压。这些荷载可能是不均匀的，但为了便于计算，一般按沿导线均匀分布考虑。在导线计算中，常把导线受到的机械荷载用比载表示。所谓比载是指导线单位长度、单位截面积上的荷载。常用的比载共有 7 种，计算如下。

1. 自重比载 g_1

导线本身重量所造成的比载称为自重比载 g_1，其计算公式为

$$g_1=0.80665\frac{m_0}{S}\times10^{-3} \tag{2-7}$$

式中　g_1——导线的自重比载，N/(m·mm²)；

m_0——每公里导线的质量，kg/km；

S——导线截面积，mm²。

注意：在计算绝缘导线的自重比载时。绝缘材料的重量，也必须计算在内。

2. 冰重比载 g_2

导线覆冰时，由于冰重产生的比载称为覆冰比载 g_2，取一段 1m 长的覆冰导线来分析，假设冰层沿导线均匀分布并成为一个空心圆柱体，如图 2－1 所示。

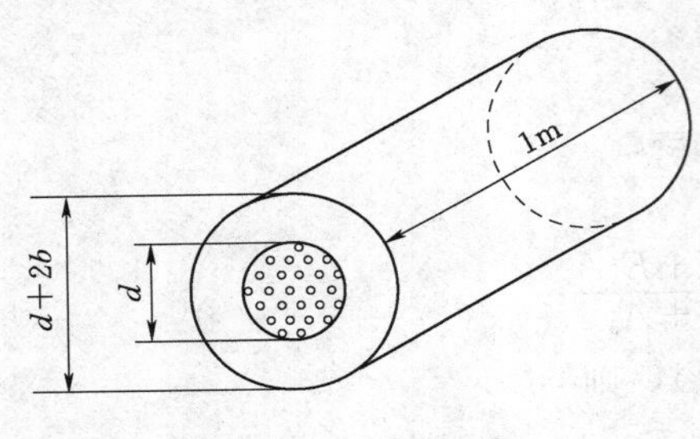

图 2－1　冰重比载

其体积和冰重比载为

$$V=\frac{\pi}{4}[(d+2b)^2-d^2]\times10^{-3}=\pi b(d+b)\times10^{-6} \tag{2-8}$$

$$\begin{aligned} g_2 &=9.80665\frac{\rho V}{S} \\ &=\frac{0.9\pi(d+b)\times10^{-3}}{S}\times9.80665 \\ &=27.7\times\frac{b(d+b)}{S}\times10^{-3} \end{aligned} \tag{2-9}$$

式中　V——体积，m³；

g_2——冰重比载，N/(m·mm²)；

b——覆冰厚度，mm；

d——导线直径，mm；

ρ——覆冰的密度；

S——导线截面积，mm²。

3. 导线自重和冰重总比载

导线自重和冰重总比载等于两者比载之和，即

$$g_3=g_1+g_2 \tag{2-10}$$

式中　g_3——导线自重和冰重总比载，N/(m·mm²)。

4. 风压比载 g_4

(1) 风压（风荷载）。架空线路导线、避雷线和杆塔承受的风压是由作用在架空线的空气动能所引起的，在温度 15℃，风压为 0.101325MPa 时，干燥空气的密度为 1.2255kg/m³。则 1m³ 空气的动能（也叫风速头）为

$$q=\frac{1}{2}mv^2=0.6128v^2 \tag{2-11}$$

式中　v——风速，m/s；

q——速度头，N/m²。（由于计算精度要求不同，系数也可使用 0.6125。）

速度头也即空气动能作用在单位面积迎风面上的理论风压。因此，作用在导线、避雷线上的横方向风压力用式（2-12）计算：

$$P_h'=K_z\alpha CFq\sin^2\theta=K_z\alpha CF(0.6128v^2)\sin^2\theta \tag{2-12}$$

式中　P_h'——迎风面承受的横方向风压（或风荷载），N；

C——风载体型系数，当导线直径 $d<17$mm 时，$C=1.2$；当导线直径 $d\geqslant 17$mm 时，$C=1.1$；覆冰（不论直径大小）取 1.2；

v——设计风速，m/s；

F——受风方向平面面积，m²；

K_z——风压高度变化系数，由表2-1取值；

α——风速不均匀系数，计算杆塔荷载时又叫风速不均匀档距折减系数，由表 2-1 取值；

θ——风向和受风平面之间的夹角，以前认为风压和 $\sin\theta$ 成正比。但试验证明，风向和 $\sin^2\theta$ 成正比，更符合实际。

表 2-1　　各种风速下的风速不均匀系数 α

设计风速/(m/s)	$v<20$	$20\leqslant v<30$	$30\leqslant v<35$	$v\geqslant 35$
α_F	1.0	0.85	0.75	0.7

进行导线，避雷线计算时，认为风向与导线轴向垂直，$\theta=90°$，迎风面积 $F=dL\times 10^{-3}$(m²)，则导线，避雷线的风压为

$$P_h'=K_z\alpha CdL(0.6128v^2)\times 10^{-3} \tag{2-13}$$

式中　d——导线与避雷线计算直径，mm；

L——导线长度，m。

分裂导线的风荷载应取子导线风荷载乘以子导线根数。导线、避雷线的风荷载应分别按其平均悬挂高度计算。

(2) 风荷比载 g_4。导线的风压比载为

$$g_4=\frac{P_h'}{SL}=0.6128K_z\alpha Cd\frac{v^2}{s}\times 10^{-3} \tag{2-14}$$

式中　g_4——无冰时导线风压比载，N/(m·mm²)；计算时应标明风速 v 的值。

5. 有冰和相应风速时的风压比载 g_5

覆冰导线每米长每平方毫米的风压荷载称为覆冰风压比载，由于此时导线覆冰，有效直径增大为（$d+2b$），只要将 g_4 中的 d 改为（$d+2b$）即可，可按式（2－15）计算：

$$g_5=\frac{0.6126K_z\alpha C(d+2b)v^2}{S}\times10^{-3} \tag{2-15}$$

式中 g_5——风速为 v、冰厚为 b 时覆冰风压比载，N/(m·mm²)；

C——风载体型系数，取 $C=1.2$。

6. 无冰有风时的综合比载 g_6

此时因为无冰有风，导线上作用着垂直方向的比载 g_1 和水平方向的比载 g_4，按向量合成可得综合比载 g_6，如图 2－2 所示。g_6 称为无冰有风时的综合比载，可按式（2－16）计算：

$$g_6=\sqrt{g_1^2+g_4^2} \tag{2-16}$$

式中 g_6——无冰、风速为 v 时的综合比载，N/(m·mm²)。

7. 有冰、相应风速时的综合比载 g_7

导线覆冰有风时，综合比载 g_7 为垂直总比载 g_3 和覆冰风压比载 g_5 的向量和，如图 2－3所示：

$$g_7=\sqrt{g_3^2+g_5^2} \tag{2-17}$$

式中 g_7——冰厚为 b、相应风速为 v 时的综合比载，N/(m·mm²)。

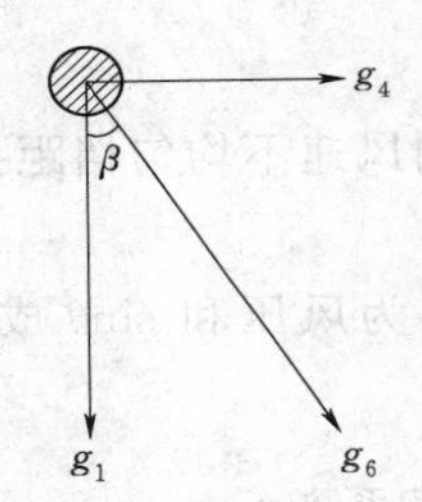

2－2 无冰有风时的综合比载

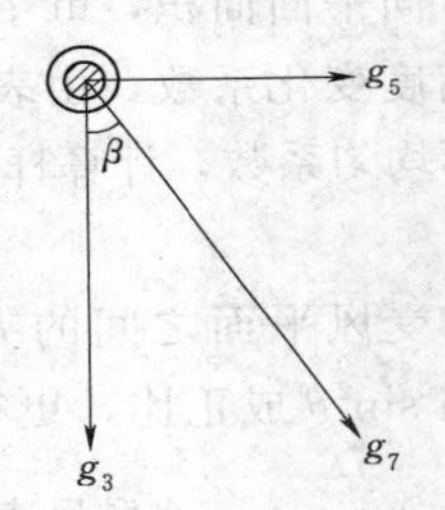

图 2－3 覆冰有风时的综合比载

【例 2－1】 某架空线路采用 LGJ－240/40，通过Ⅳ类典型气象区，平均高度 15m，试计算导线的各种比载。

解： 由有关手册查得 LGJ－240/40 导线的规格参数为：计算直径 $d=21.66$mm；总截面 $S=238.5+38.90=277.75$mm²；单位长度质量 $m_0=964.3$kg/km。

由表查得Ⅳ典型气象区的气象数据为：覆冰厚度 $b=5$mm；覆冰时风速 $v=10$m/s；最大风速 $v=25$m/s；雷电过电压时风速 $v=10$m/s；内过电压时风速 $v=15$m/s。

计算导线的各种比载：

（1）自重比载：

$$g_1=\frac{9.80665m_0}{1000S}=\frac{9.80665\times964.3}{1000\times277.75}=34.05\times10^{-3}[\mathrm{N/(m\cdot mm^2)}]$$

（2）冰重比载：

$$g_{2(5)}=27.728\,\frac{b(b+d)}{c}\times10^{-3}=27.728\,\frac{5\times(21.66+5)}{277.75}\times10^{-3}$$

$=13.307\times10^{-3}[N/(m\cdot mm^2)]$

(3) 自重和冰重总比载(垂直总比载):

$$g_{3(5)}=g_1+g_2=34.05\times10^{-3}+13.307\times10^{-3}=47.36\times10^{-3}[N/(m\cdot mm^2)]$$

(4) 无冰时风压比载:

1) 当风速为 20~30m/s 时,查得风速不均匀系数 $\alpha=0.85$,当平均高度为 15m 时,$K_z=1$,故知导线的风载体型系数 $C=1.1$,此时风压比载为

$$g_{4(25)}=\frac{0.6128K_z\alpha Cdv^2}{1000S}=\frac{0.6128\times1.0\times0.85\times1.1\times21.66\times15^2}{1000\times277.75}$$

$$=27.926\times10^{-3}[N/(m\cdot mm^2)]$$

2) 当风速为 $v<20$m/s 时,由表 2-2 查得 $\alpha=1.0$,而且 $C=1.1$,此时风压比载为

$$g_{4(15)}=\frac{0.6128K_z\alpha Cdv^2}{1000S}=\frac{0.6128\times1.0\times1.0\times1.1\times21.66\times15^2}{1000\times277.75}$$

$$=11.828\times10^{-3}[N/(m\cdot mm^2)]$$

$$g_{4(10)}=\frac{0.6128K_z\alpha Cdv^2}{1000S}=\frac{0.6128\times1.0\times1.0\times1.1\times21.66\times10^2}{1000\times277.75}$$

$$=5.257\times10^{-3}[N/(m\cdot mm^2)]$$

(5) 覆冰时的风压比载:

由覆冰时风速 $v=10$m/s,查得 $\alpha=1.0$,而且 $C=1.2$,此时风压比载为

$$g_{5(5,10)}=\frac{0.6128K_z\alpha C(d+2b)v^2}{1000S}=\frac{0.6128\times1.0\times1.0\times1.2\times10^2(21.66+2\times5)}{1000\times277.75}$$

$$=8.382\times10^{-3}[N/(m\cdot mm^2)]$$

(6) 无冰有风时的综合比载:

$$g_{6(25)}=\sqrt{g_1^2+g_{4(25)}^2}=\sqrt{34.05^2+27.926^2}\times10^{-3}=44.04\times10^{-3}[N/(m\cdot mm^2)]$$

$$g_{6(15)}=\sqrt{g_1^2+r_{4(15)}^2}=\sqrt{34.05^2+11.828^2}\times10^{-3}=36.05\times10^{-3}[N/(m\cdot mm^2)]$$

$$g_{6(10)}=\sqrt{g_1^2+g_{4(10)}^2}=\sqrt{34.05^2+5.257^2}\times10^{-3}=34.45\times10^{-3}[N/(m\cdot mm^2)]$$

(7) 有冰有风时的综合比载:

$$g_{7(5,10)}=\sqrt{g_{3(5)}^2+g_{5(5,10)}^2}=\sqrt{47.36^2+8.382^2}\times10^{-3}=48.10\times10^{-3}[N/(m\cdot mm^2)]$$

【例 2-2】 设某架空线路通过第Ⅱ气象区,风向垂直于线路,导线的计算总和截面积 $S=497\text{mm}^2$,绞线直径 $d=29$mm,计算质量 $M=1533.9$kg/km。气象参数覆冰厚度 $b=5$mm;覆冰时的风速 10m/s;最大风速 27m/s,试计算其比载。

解: 1. 垂直比载

(1) 导线自重比载:

$$g_{1(0,0)}=\frac{9.80665M}{S}\times10^{-3}=\frac{9.80665\times1533.9}{497}\times10^{-3}=30.268\times10^{-3}[N/(m\cdot mm^2)]$$

(2) 覆冰时冰重比载:

$$g_{2(5,0)}=\frac{27.728b(d+b)}{S}\times10^{-3}=\frac{27.728\times5\times(29+5)}{497}\times10^{-3}=9.484\times10^{-3}[N/(m\cdot mm^2)]$$

(3) 覆冰时垂直总比载:

$$g_{3(5,0)}=g_1+g_2=30.268\times10^{-3}+9.484\times10^{-3}=39.752\times10^{-3}[N/(m\cdot mm^2)]$$

2. 水平比载

(1) 无冰时风压比载：

1) 风速为 10m/s 时：

$$g_{5(4,10)}=\frac{0.6128K_z\alpha cv^2}{S}\times10^{-3}=0.6128\times1.0\times1.1\times1.0\times29\times\frac{10^2}{497}\times1\times10^{-3}$$
$$=3.935\times10^{-3}[N/(m\cdot mm^2)]$$

2) 风速为 15m/s 时：

$$g_{4(0,15)}=0.6128\times1.0\times1.1\times1.0\times29\times\frac{15^2}{497}\times1\times10^{-3}=8.853\times10^{-3}[N/(m\cdot mm^2)]$$

3) 风速为 27m/s 时：

$$g_{4,(0,27)}=0.6128\times0.85\times1.1\times1.0\times29\times\frac{27^2}{497}\times1\times10^{-3}=24.380\times10^{-3}[N/(m\cdot mm^2)]$$

(2) 有冰有风时风压比载：

$$g_{5(5,10)}=\frac{0.6128K_z\alpha c(d+2b)v^2}{S}\times10^{-3}$$
$$=0.613\times1.0\times1.2\times1.0\times(29+2\times5)\times\frac{10^2}{497}\times10^{-3}=5.772\times10^{-3}[N/(m\cdot mm^2)]$$

3. 综合比载

(1) 无冰时有风时综合比载：

1) 风速为 10m/s 时综合比载：

$$g_{6(0,10)}=\sqrt{g_{1(0,0)}^2+g_{4(0,10)}^2}\times10^{-3}$$
$$=\sqrt{30.268^2+3.935^2}\times10^{-3}=30.523\times10^{-3}[N/(m\cdot mm^2)]$$

2) 风速为 15m/s 时综合比载：

$$g_{6(0,15)}=\sqrt{g_{1(0,0)}^2+g_{4(0,15)}^2}\times10^{-3}$$
$$=\sqrt{30.268^2+8.853^2}\times10^{-3}=31.536\times10^{-3}[N/(m\cdot mm^2)]$$

3) 风速为 27m/s 时综合比载：

$$g_{6(0,27)}=\sqrt{g_{1(0,0)}^2+g_{4(0,27)}^2}\times10^{-3}$$
$$=\sqrt{30.268^2+24.380^2}\times10^{-3}=38.866\times10^{-3}[N/(m\cdot mm^2)]$$

(2) 有冰有风时综合比载：

$$g_{7(5,10)}=\sqrt{g_{3(5,0)}^2+g_{5(5,10)}^2}\times10^{-3}$$
$$=\sqrt{39.752^2+5.772^2}\times10^{-3}=340.169\times10^{-3}[N/(m\cdot mm^2)]$$

第二节 均匀荷载孤立档导线力学计算

一、均匀荷载孤立档导线悬垂曲线的方程式

1. 导线悬垂曲线的悬链线方程

孤立档导线悬挂在空中的形状如图 2-4 所示，A、B 为导线的悬挂点。以导线最低

点为坐标原点，建立直角坐标系。坐标平面与导线在同一平面内。假定导线上的垂直荷载沿导线弧长均匀分布。

在图 2-4 所示的导线上任取一点 $C(x,y)$，则 OC 段上导线的受力如图 2-5 所示。o 点承受张力 T_0，T_0 沿着导线上 o 点的切线方向，恰与 x 轴平行，称为水平张力。C 点承受的张力 T_x 在 C 点与导线曲线相切，与 x 轴夹角为 α。此外，导线还承受平行于 y 轴向下作用的均布荷载，其合力为 G。

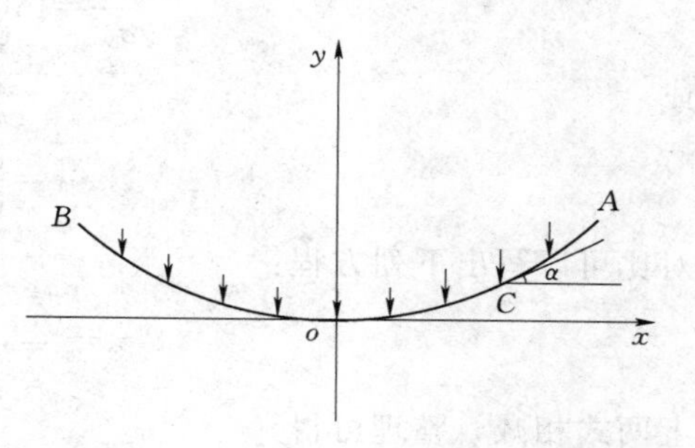

图 2-4　孤立挡导线悬挂在空中的形状

导线在上述三个力作用下处于平衡状态，根据静力学平衡平衡条件可知

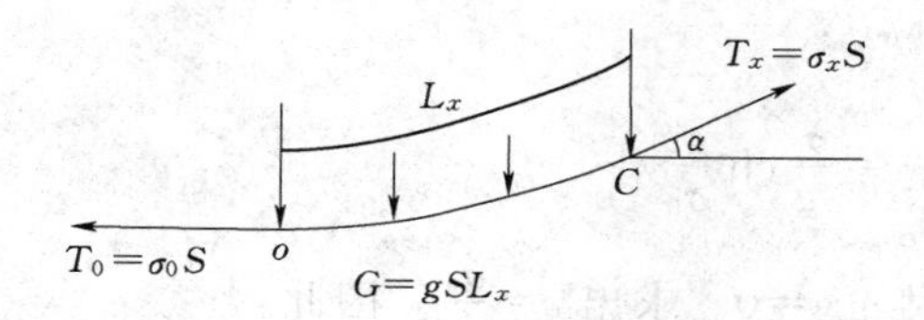

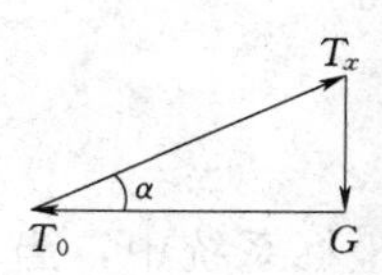

图 2-5　一段导线受力图

$$T_x\sin\alpha=\sigma_x S\sin\alpha=G=gSL_x \tag{2-18}$$

$$T_x\cos\alpha=\sigma_x S\cos\alpha=T_0=\sigma_0 S \tag{2-19}$$

式中　T_x、σ_x——导线上任一点张力和应力；

T_0、σ_0——导线最低点的张力和应力；

α——导线上任一点切线与 x 轴的夹角；

S、g——导线总截面积与导线比载；

L_x——导线最低点到任一点 C 间的弧长。

由式 (2-18)、式 (2-19) 可得

$$\frac{\mathrm{d}y}{\mathrm{d}x}=\tan\alpha=\frac{gL_x}{\sigma_0} \tag{2-20}$$

数学上弧长微分公式为

$$\mathrm{d}L_x=\sqrt{1+\left(\frac{\mathrm{d}y}{\mathrm{d}x}\right)^2} \tag{2-21}$$

将式 (2-20) 对 x 求导，并将式 (2-21) 代入，得

$$\frac{\mathrm{d}}{\mathrm{d}x}(\tan\alpha)=\frac{\mathrm{d}}{\mathrm{d}x}\left(\frac{\mathrm{d}y}{\mathrm{d}x}\right)=\frac{g}{\sigma_0}\frac{\mathrm{d}L_x}{\mathrm{d}x}=\frac{g}{\sigma_0}\sqrt{1+\left(\frac{\mathrm{d}y}{\mathrm{d}x}\right)^2}$$

$$\frac{g}{\sigma_0}\mathrm{d}x=\frac{\mathrm{d}\left(\frac{\mathrm{d}y}{\mathrm{d}x}\right)}{\sqrt{1+\left(\frac{\mathrm{d}y}{\mathrm{d}x}\right)^2}}$$

把上式两边积分，并根据初始条件确定积分常数，得

$$\frac{gx}{\sigma_0}=\ln\left[\frac{\mathrm{d}y}{\mathrm{d}x}+\sqrt{1+\left(\frac{\mathrm{d}y}{\mathrm{d}x}\right)^2}\right]$$

或

$$\mathrm{e}^{\frac{gx}{\sigma_0}}=\frac{\mathrm{d}y}{\mathrm{d}x}+\sqrt{1+\left(\frac{\mathrm{d}y}{\mathrm{d}x}\right)^2}$$

对比可以写出下列方程：

$$\mathrm{e}^{-\frac{gx}{\sigma_0}}=-\frac{\mathrm{d}y}{\mathrm{d}x}+\sqrt{1+\left(\frac{\mathrm{d}y}{\mathrm{d}x}\right)^2}$$

上两式相减，整理可得

$$\frac{\mathrm{d}y}{\mathrm{d}x}=\frac{\mathrm{e}^{\frac{gx}{\sigma_0}}-\mathrm{e}^{-\frac{gx}{\sigma_0}}}{2}=\mathrm{sh}\,\frac{gx}{\sigma_0} \tag{2-22}$$

把上式积分可得

$$y=\frac{\sigma_0}{g}\mathrm{ch}\,\frac{gx}{\sigma_0}+c \tag{2-23}$$

在我们选定的坐标系统中，当 $x=0$ 时，$y=0$。求出 $c=\frac{\sigma_0}{g}$，因此：

$$y=\frac{\sigma_0}{g}\left(\mathrm{ch}\,\frac{gx}{\sigma_0}-1\right) \tag{2-24}$$

式中 σ_0——导线最低点应力，MPa 或 $\mathrm{N/mm^2}$；

g——导线的比载，N/（m·mm²）。

这就是导线悬挂在空中形状的数学方程，称为导线悬垂曲线方程。当坐标原点选在其他点（例如导线的悬挂点）时，悬链线方程的常数项将有所不同，可以得到不同的公式。

把悬链线方程中的双曲余弦函数展开成无穷级数（在 $x=0$ 点）得

$$y=\frac{g}{2\sigma_0}x^2+\frac{g^3}{24\sigma_0^3}x^4+\frac{g^5}{720\sigma_0^5}x^6+\cdots \tag{2-25}$$

2. 导线曲线弧长方程式

导线最低点 o 至任一点 C 的曲线长度称为弧长，用 L_x 表示。

将式（2-22）代入式（2-24）中，且积分常数 $C_1=0$，得导线的弧长方程：

$$L_x=\frac{\sigma_0}{g}\mathrm{sh}\,\frac{g}{\sigma_0}x \tag{2-26}$$

根据式（2-26）可以计算一个档距内导线的曲线长度（也叫一档线长）。将弧长方程式中的双曲正弦函数展开成无穷级数可得

$$L_x=x+\frac{g}{6v_0^2}x^3+\frac{g^4}{120v_0^4}x^5+\cdots \tag{2-27}$$

二、均匀荷载孤立档导线悬垂曲线的抛物线方程式

1. 导线悬垂曲线的斜抛物线方程式

导线悬垂曲线的悬链线方程式是假定荷载沿导线曲线弧长均匀分布导出的，是精确的计算公式。在工程计算中，在满足计算精度的要求下，可以采用较简便的近似计算方法。

悬垂曲线的斜抛物线方程式便是工程计算中常用的近似计算公式。

斜抛物线方程的基本假设是：作用在导线上的荷载沿悬挂点连线 AB 均匀分布，如图2-6所示。这一假定与荷载沿弧长均匀分布有些差别。但实际上一档内导线弧长与线段 AB 的长度 $l/\cos\varphi$ 相差极小，所以这样假设仍可得到相当满意的结果。

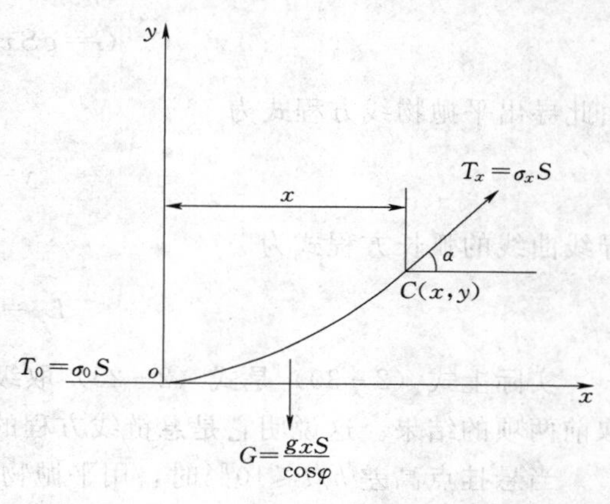

图2-6 导线荷载的近似假设

在上述假设下，导线 oC 段的受力如图2-6所示。图2-6与图2-5的差别仅仅在于垂直荷载中弧长 L_x 换成 $x/\cos\varphi$。

根据静力学平衡条件：

$$T_0\tan\alpha=\frac{gxS}{\cos\varphi}$$

$$\sigma_0 S\frac{\mathrm{d}y}{\mathrm{d}x}=\frac{gxS}{\cos\varphi}$$

$$\frac{\mathrm{d}y}{\mathrm{d}x}=\frac{g}{\sigma_0\cos\varphi}x$$

进行积分，并根据所选的坐标系统确定积分常数为零，得

$$y=\frac{gx^2}{2\sigma_0\cos\varphi} \tag{2-28}$$

式中 g——比载，N/(m·mm^2)；

σ_0——导线最低点的应力，MPa或N/mm^2；

φ——高差角。

这就是导线悬垂曲线的斜抛物线方程。

另外，由式（2-28）可知

$$\frac{\mathrm{d}y}{\mathrm{d}x}=\frac{gx}{\sigma_0\cos\varphi}$$

$$\mathrm{d}L_x=\sqrt{1+\left(\frac{\mathrm{d}y}{\mathrm{d}x}\right)^2}\mathrm{d}x$$

$$=\sqrt{1+\left(\frac{gx}{\sigma_0\cos\varphi}\right)^2}\mathrm{d}x$$

由于 $\frac{gx}{\sigma_0\cos\varphi}$ 数值很小，可以认为它接近于零，因此

$$\mathrm{d}L_x=\left[1+\frac{1}{2}\left(\frac{gx}{\sigma_0\cos\varphi}\right)^2\right]\mathrm{d}x$$

积分得到导线的弧长方程为

$$L_x=x+\frac{g^2x^3}{6\sigma_0^2\cos^2\varphi} \tag{2-29}$$

顺便说明，这个弧长方程的计算精度较低，在工程上实用价值不大。

2. 导线悬垂曲线的平抛物线方程式

平抛物线方程是简化的悬链线方程。它是假设作用在导线上的荷载沿导线在 x 轴上

的投影均匀分布而推导出的。

在这一假设下，图 2-6 中导线所受垂直荷载变成

$$G=gSx, \tan\alpha=\frac{gx}{\sigma_0}$$

由此导出平抛物线方程式为

$$y=\frac{g}{2\sigma_0}x^2 \tag{2-30}$$

导线曲线的弧长方程式为

$$L_x=x+\frac{g^2x^3}{6\sigma_0^2} \tag{2-31}$$

实际上式（2-30）是式（2-25）取级数前一项的结果，式（2-31）是式（2-27）取前两项的结果。这说明它是悬链线方程的近似表达式。

当悬挂点高差 $h/l \leqslant 10\%$ 时，用平抛物线方程进行导线力学计算，可以得到满意的工程精度。

第三节　悬挂点等高时导线的应力与弧垂

本节以导线悬挂点等高这一简单情况为例，建立导线应力、弧垂、一档线长等力学及几何量的基本关系。本节讨论问题的前提是：架空导线的气象条件已知，即作用在导线上的比载及相应的大气温度均为某一确定的值。

悬挂点等高的一档导线如图 2-7 所示。当导线承受水平荷载时，认为导线的水平荷载也均匀分布，导线平面及坐标平面均绕 AB 轴偏斜某一角度。根据力学平衡观点，导线平面偏离铅垂方向的角度与综合比载（g_6 或 g_7）的角度相同。因此，在所选定的坐标平面内，将只有平行于 y 轴的荷载。当需要确定导线对坐标系外部物体的距离时，应考虑导线在综合比载作用下的风偏角。

一、导线的弧垂

1. 导线的弧垂 f（特指档内最大弧垂，下同）

（1）精确计算式。弧垂的精确计算式利用悬链线方程式（2-24）导出。在悬挂点等高的情况下，弧垂 f 等于悬挂点纵坐标 y_A 或 y_B。因此，令 $x=\frac{1}{2}l$ 代入悬链线方程式便得到导线的弧垂：

$$f=y_A=\frac{\sigma_0}{g}\left(\operatorname{ch}\frac{gl}{2\sigma_0}-1\right) \tag{2-32}$$

式中　f——悬点等高时导线的弧垂，m；

σ_0——导线最低点的应力，MPa 或 N/mm²；

g——导线的比载，N/(m·mm²)；

l——档距，m。

（2）近似计算式。弧垂 f 的近似计算式利用平抛物线方程式导出。令 $x=\frac{1}{2}l$ 代入平

抛物线方程式中，得到导线的弧垂为

$$f=\frac{g}{2\sigma_0}\left(\frac{l}{2}\right)^2=\frac{gl^2}{8\sigma_0} \tag{2-33}$$

式中符号意义同前。

2. 导线上任一点的弧垂 f_x

(1) 精确计算公式。如图 2-7 所示，任意点 $D(x,y)$ 的弧垂 f_x 为

$$f_x=f-y$$

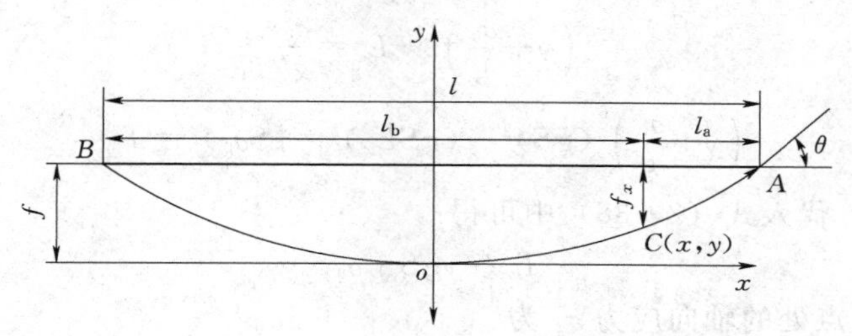

图 2-7　挂点等高的一档导线图

将 f 和 y 的表达式分别代入得

$$\begin{aligned}f_x&=\frac{\sigma_0}{g}\left(\operatorname{ch}\frac{gl}{2\sigma_0}-1\right)-\frac{\sigma_0}{g}\left(\operatorname{ch}\frac{g}{\sigma_0}x-1\right)\\&=\frac{\sigma_0}{g}\left(\operatorname{ch}\frac{gl}{2\sigma_0}-\operatorname{ch}\frac{g}{\sigma_0}x\right)\end{aligned} \tag{2-34}$$

如图 2-7 所示，令

$$l_a=\frac{l}{2}-x$$

$$l_b=\frac{l}{2}+x$$

则通过双曲函数的变换，f_x 变为

$$f_x=\frac{2\sigma_0}{g}\left[\operatorname{sh}\left(\frac{g}{2\sigma_0}l_a\right)\operatorname{sh}\left(\frac{g}{2\sigma_0}l_b\right)\right] \tag{2-35}$$

式中　f_x——任意一点 $D(x,y)$ 的弧垂，m；

l_a、l_b——D 点到悬挂点的水平距离，m。

(2) 近似计算式。近似式采用平抛物线公式计算，任一点弧垂为

$$\begin{aligned}f_x&=f-y=\frac{gl^2}{8\sigma_0}-\frac{gx^2}{2\sigma_0}=\frac{g}{2\sigma_0}\left[\left(\frac{l}{2}\right)^2-x^2\right]\\&=\frac{g}{2\sigma_0}\left[\left(\frac{l}{2}+x\right)\left(\frac{l}{2}-x\right)\right]=\frac{g}{2\sigma_0}l_al_b\end{aligned} \tag{2-36}$$

二、导线的应力

1. 导线的受力特点

导线的受力已在图 2-5 标出。由于导线是柔索，导线上任一点仅承受切向压力，根据式 (2-18) 和式 (2-19) 的力学平衡条件可知：

(1) 导线上任一点的水平张力（张力的水平分量）等于导线最低点的张力。

（2）导线上任一点张力的垂直分量等于该点到导线最低点间导线上的荷载（垂直分量广义上指本节所规定的坐标系统中 y 方向上的分量）。

（3）导线最低点只承受水平张力。

2．导线上任意一点的应力

根据前述的导线受力条件，导线上任一点的张力 T_x 为

$$T_x^2=T_0^2+(gSL_x)^2 \tag{2-37}$$

另外由式（2-24）和式（2-26）即悬链线方程式和弧长方程式可以导出

$$\left(y+\frac{\sigma_0}{g}\right)^2-L_x^2=\frac{\sigma_0^2}{g^2}$$

$$\left(y+\frac{\sigma_0}{g}\right)^2(gS)^2-(gSL_x)^2=(S\sigma_0)^2=T_0^2 \tag{2-38}$$

将方程式（2-37）代入式（2-38）中可得

$$T_x=ygS+\sigma_0 S \tag{2-39}$$

则得导线上任意一点处的轴向应力 σ_x 为

$$\sigma_x=\frac{T_x}{S}=\sigma+yg \tag{2-40}$$

根据式（2-37）还可以得到导线轴向应力的另一种计算公式：

$$\sigma_x^2=\sigma_0^2+(gL_x)^2$$

$$\sigma_x=\sqrt{\sigma_0^2+(gL_x)^2}=\sqrt{\sigma_0^2+\sigma_{xv}^2}=\frac{\sigma_0}{\cos\alpha} \tag{2-41}$$

式中　α——导线任一点切线方向与 x 轴的夹角；

σ_{xv}——任一点导线应力的垂直分量，MPa，$\sigma_{xv}=gL_x$。

式（2-40）和式（2-41）是计算导线应力的常用公式。式（2-40）说明导线上某点的轴向应力等于最低点的应力加上某点纵坐标与比载的乘积。式（2-41）说明导线上的某点轴向应力等于导线最低点应力和某点到最低点间导线上单位面积荷载 gL_x 的矢量和。

3．导线悬挂点的应力

导线悬挂点的轴向应力 σ_A 根据式（2-40）和式（2-41）可得

$$\sigma_A=\sigma_0+y_A g=\sigma_0+fg$$

或

$$\sigma_A=\sqrt{\sigma_0^2+g^2L_{OA}^2}=\sqrt{\sigma_0^2+\sigma_{Av}^2} \tag{2-42}$$

式中　f——导线的弧垂，m；

L_{OA}——导线最低点到悬挂点间的线长，m；

σ_{Av}——悬挂点导线应力的垂直分量，MPa，$\sigma_{Av}=gL_{OA}$。

三、一档线长计算公式

导线力学计算的许多公式的推演过程都用到线长计算公式，通过它可以建立不同条件下导线应力之间的相互关系。

根据式（2-26），导线最低点至任一点的曲线弧长为

$$L_x=\frac{\sigma_0}{g}\operatorname{sh}\frac{g}{\sigma_0}x$$

悬挂点等高时，令 $x=l/2$ 得到半档线长，则一档线长为

$$L_x=\frac{2\sigma_0}{g}\text{sh}\frac{lg}{2\sigma_0} \tag{2-43}$$

把式（2－43）中的双曲正弦函数展开成无穷级数，得到一档线长的级数的级数表达式：

$$L=l+\frac{l^3g^2}{24\sigma_0^2}+\frac{l^5g^4}{1920\sigma_0^4}+\cdots$$

在档距 l 不太大时，可取式中前两项作为一档线长的平抛物线近似公式：

$$L=l+\frac{l^3g^2}{24\sigma_0^2}$$

又可写成

$$L=l+\frac{8}{3}\frac{l^4g^2}{8^2\sigma_0^2}\frac{1}{l}=l+\frac{8f^2}{3l}$$

式中　L——悬点等高时一档线长，m；

　　l——档距，m；

　　f——弧垂，m。

第四节　悬挂点不等高时导线的应力与弧垂

一、导线的斜抛物线方程

导线悬垂曲线的悬链线方程是假定荷载沿导线曲线弧长均匀分布导出的，是精确的计算方法。工程计算中，在满足计算精度要求的情况下，可以采用较简单的近似计算方法。悬垂曲线的斜抛物线方程式便是悬挂点不等高时，工程计算中常用的近似计算公式。

斜抛物线方程的假设条件为作用在导线上的荷载沿悬挂点连线 AB 均匀分布。这一假设与荷载沿弧长均匀分布有些差别。但实际上一档内导线弧长与线段 AB 的长度相差很小，所以这样的假设可以得到相当满意的结果。

在上述假设下，导线 oC 段的受力如图 2－8 所示。

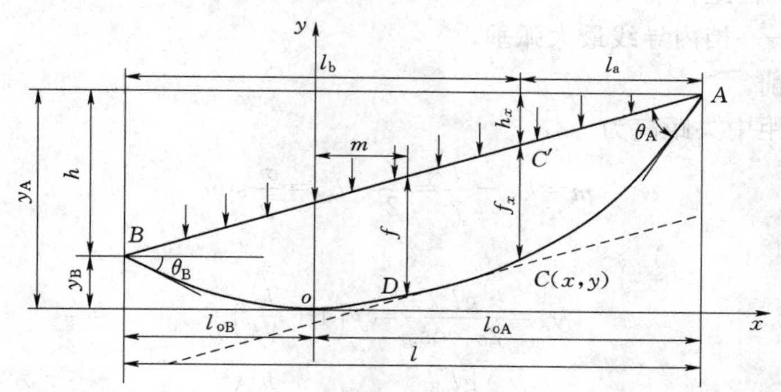

图 2－8　悬挂点不等高的一档导线图

此时，垂直荷载重的弧长 L_x 换成了 $x/\cos\varphi$，根据静力学平衡条件

$$L_x=\frac{x}{\cos\varphi}$$

$$T_0\tan\alpha = G = \frac{gxS}{\cos\varphi}$$

$$\sigma_0 S\frac{\mathrm{d}y}{\mathrm{d}x} = \frac{gxS}{\cos\varphi}$$

$$\frac{\mathrm{d}y}{\mathrm{d}x} = \frac{gx}{\sigma_0\cos\varphi}$$

进行积分，并根据所选的坐标系确定积分常数为零，得到导线悬垂曲线斜抛物线方程为

$$y = \frac{gx^2}{2\sigma_0\cos\varphi} + c \tag{2-44}$$

将 $x=0$，$y=0$ 代入，得 $c=0$

$$y = \frac{gx^2}{2\sigma_0\cos\varphi}$$

式中　φ——高差角。

其他符号意义同前。

二、导线最低点到悬挂点距离

如图 2-8 所示，坐标原点选在导线最低点。随着坐标原点的不同，方程表达式有所不同。

1. 水平距离

用斜抛物线方程计算时，可知导线最低点到悬挂点之间的水平距离和垂直距离的关系为

$$l_{oA} = \frac{l}{2}\left(1+\frac{h}{4f}\right)$$

$$l_{oB} = \frac{l}{2}\left(1-\frac{h}{4f}\right)$$

式中　l_{oA}、l_{oB}——最低点到悬挂点的水平距离，m；

h——悬挂点的高差；

l——档距；

f——一档内导线最大弧垂。

其他符号意义同前。

导线最低点至档距中央距离为

$$m = l_{oA} - \frac{l}{2} = \frac{l}{2} - l_{oB} = \frac{\sigma_0}{g}\sin\varphi \tag{2-45}$$

2. 垂直距离

$$y_A = \frac{gl_{oA}^2}{2\sigma_0\cos\varphi} = f\left(1+\frac{h}{4f}\right)^2$$

$$y_B = \frac{gl_{oB}^2}{2\sigma_0\cos\varphi} = f\left(1-\frac{h}{4f}\right)^2$$

三、悬挂点不等高时的最大弧垂

在悬挂点不等高的一档导线上，作一条辅助线平行于 AB，且与导线相切于 C 点，显然相切点 C 的弧垂一定是档内的最大弧垂。通过证明可知最大弧垂处于档距的中央。用抛

物线方程确定导线上任一点 $C(x、y)$ 点的弧垂 f_x，在图 2-8 中 C' 点和 A 点的高差为

$$h_x = l_a \tan\varphi = (l_{oA} - x)\frac{h}{l} = \frac{l_{oA} - x}{l}(y_A - y_B) \tag{2-46}$$

弧垂 f_x 为

$$f_x = y_A - y - h_x \tag{2-47}$$

式中　l_a、l_b——导线任一点 $C(x,y)$ 到导线悬挂点 A、B 的水平距离。

最大弧垂出现在档距中央，即 $l_a = l_b = l/2$ 时，得到档内最大弧垂为

$$f_0 = \frac{fl^2}{8\sigma_0} \tag{2-48}$$

小　结

架空线路常年在大气中运行，承受着四季的气温、风、冰以及雷电等气象变化的影响，主要会引起架空线荷载和悬挂曲线长度发生变化，使架空线的应力、弧垂随之改变，进而影响到杆塔、基础所受荷载大小以及其他物体间的电气安全距离。风、覆冰和气温对架空输电线有较大影响，是线路设计学要考虑的主要气象参数。架空输电线路中最广泛使用的是钢芯铝绞线，其结构较复杂，在架空线的机械物理特性中，与线路设计密切相关的主要是弹性系数、温度膨胀系数、抗拉强度等。对于具有均布荷载孤立档的电线弧垂最低点及最大点的计算，本章运用力学的原理对此进行了详细的论述，从而使现有的孤立档计算理论更加充实、完善。架空电力线路机械计算部分，以导线力学计算原理为基础，介绍了均匀荷载导线孤立档的力学计算。

在架空输电线路的设计中，不同气象条件下架空线的弧垂、应力和线长占有十分重要的位置，是输电线路力学研究的主要内容。这是因为架空线的弧垂和应力直接影响着线路的正常安全运行，而架空线的微小变化和误差都会引起弧垂和应力相当大的改变。设计弧垂小，架空线的应力就大，振动现象加剧，安全系数减小，同时杆塔荷载增大因而要求强度提高。设计弧垂过大，对地安全距离所需杆塔高度增加，线路投资增大，而且架空线的风摆、舞动和跳跃会造成线路停电事故，若加大塔头尺寸，必然会使投资再度提高。因此，设计合适的弧垂是十分重要的。不同气象条件下架空线的各参数之间存在着一定的关系。揭示架空线从一种气象条件改变到另一种气象条件下的各参数之间关系的方程，称为导线的状态方程。

习　题

(1) 导线的机械物理特性都指哪些？

(2) 什么称为导线的瞬时破坏应力？

(3) 弹性伸长系数的物理含义是什么？

(4) 什么称为导线的比载？

(5) 什么称为导线的弧垂？

参考文献

[1]　孟遂民．架空输电线路设计［M］．北京：中国电力出版社，2015.
[2]　张忠亭．架空输电线路设计原理［M］．北京：中国电力出版社，2010.
[3]　柴玉华．架空线路设计［M］．北京：中国水利水电出版社，2001.
[4]　郭思顺．架空送电线路设计基础［M］．北京：中国电力出版社，2010.
[5]　郭喜庆．架空送电线路设计原理［M］．北京：农业出版社，1993.
[6]　刘增良．输配电线路设计［M］．北京：中国水利水电出版社，2004.

第三章

均匀荷载孤立档距导线力学应用计算

第一节　导线的状态方程

当气象条件变化时，架空线所受温度和荷载也发生变化，其水平应力 σ 和弧垂也随着变化。导线内的水平应力随气象条件的变化规律可用导线状态方程来描述。

一、导线在孤立档距中的状态方程

设档距为 l 的导线，在 m 气象条件下的气温为 t_m，架空线的比载为 g_m，最低点应力为 σ_m，现求变到 n 气象条件即气温为 t_n，比载为 g_n 时的应力 σ_n。当由 m 气象条件变为 n 气象条件时，由于温度的变化 $\Delta t=t_n-t_m$，使导线热胀冷缩，线长由原来的 L_m 变为 L_t；由于应力的变化 $\Delta\sigma=\sigma_n-\sigma_m$，使导线弹性变形，线长由 L_t 变为 L_n。可分别表示为

$$L_t=[1+\alpha(t_n-t_m)]L_m$$

$$L_n=[1+\beta(\sigma_n-\sigma_m)]L_t \tag{3-1}$$

将 L_t 值代入式（3-1）中可得

$$L_n=L_m[1+\alpha(t_n-t_m)][1+\beta(\sigma_n-\sigma_m)] \tag{3-2}$$

这样导线因热胀冷缩和弹性变形使一档线长由 L_m 变为 L_n。

将式（3-2）展开，将出现 $\alpha\beta(t_n-t_m)(\sigma_n-\sigma_m)$ 项，由于 $\alpha\beta$ 值很小，此项可忽略，故上式可简化为

$$L_n=L_m[1+\alpha(t_n-t_m)+\beta(\sigma_n-\sigma_m)] \tag{3-3}$$

如第二章所述，在一定的气象条件下，线长 L 与最低点应力 σ_0 之间存在以下关系：

$$L=l+\frac{g^2l^3}{24\sigma_0^2}$$

所以对应于两种气象条件 m 和 n 的导线长度分别为

$$L_m=l+\frac{l^3g_m^2}{24\sigma_m^2} \tag{3-4}$$

$$L_n=l+\frac{l^3g_n^2}{24\sigma_n^2} \tag{3-5}$$

将式（3-4）和式（3-5）代入式（3-3），则得

$$l+\frac{l^3g_n^2}{24\sigma_n^2}=l+\frac{l^3g_m^2}{24\sigma_m^2}+[\alpha(t_n-t_m)+\beta(\sigma_n-\sigma_m)]\left(l+\frac{l^3g_m^2}{24\sigma_m^2}\right) \tag{3-6}$$

式（3-6）等号右侧最后一项$\left(l+\frac{l^3 g_m^2}{24\sigma_m^2}\right)$即为$L_m$，在一般情况下，$L_m \approx l$，因此可令$l=L_m$，将等式两侧各除以$l\beta$并整理得

$$\sigma_n-\frac{El^2 g_n^2}{24\sigma_n^2}=\sigma_m-\frac{El^2 g_m^2}{24\sigma_m^2}-\alpha E(t_n-t_m) \tag{3-7}$$

其中：

$$E=\frac{1}{\beta}$$

式中　g_m——初始气象条件下的比载，N/(m·mm²)；

g_n——待求气象条件下的比载，N/(m·mm²)；

t_m——初始气象条件下的温度，℃；

t_n——待求气象条件下的温度，℃；

σ_m——在温度t_m和比载g_m时的应力，MPa；

σ_n——在温度t_n和比载g_n时的应力，MPa；

α——线温度线膨胀系数，1/℃；

E——导线的弹性系数，MPa；

l——档距，m。

式（3-7）即为架空线在悬挂点等高时的状态方程。如果温度为t_m，比载为g_m时的导线应力σ_m为已知，即可按式（3-7）求出温度为t_n，比载为g_n时的导线应力σ_n。

为了便于计算，通常将方程式中的各物理量组合成系数，令

$$A=\frac{El^2 g_m^2}{24\sigma_m^2}-\sigma_m+\alpha E(t_n-t_m) \tag{3-8}$$

$$B=\frac{El^2 g_n^2}{24} \tag{3-9}$$

则式（3-7）状态方程变为如下形式：

$$\sigma_n^2(\sigma_n+A)=B \tag{3-10}$$

该式为一元三次方程，其常用的解法有试算法、迭代法和卡尔丹一元三次方程解法。试算法比较简便，但精度低；迭代法计算量较大，但精度高，适合用计算机运算；卡尔丹法借助于计算器的余弦函数和双曲函数的功能，求方程准确解。下面简要介绍一下牛顿法和卡尔丹一元三次方程解法。

牛顿法，也称为切线法。该法收敛速度快，具有二次收敛性。

对于方程$f(x)=0$，牛顿迭代公式为

$$X^{(k+1)}=X^{(k)}-\frac{f[X^{(k)}]}{f'[X^{(k)}]}$$

因而式（3-8）所示状态方程的牛顿迭代公式为

$$\sigma^{(k+1)}=\sigma^{(k)}-\frac{{\sigma^{(k)}}^3+A{\sigma^{(k)}}^2-B}{3{\sigma^{(k)}}^2+2A\sigma^{(k)}} \tag{3-11}$$

其计算步骤为

（1）给出初始近似根$\sigma_n^{(0)}$、精度ε。

（2）计算 $\sigma_n^{(1)}=\sigma_n^{(0)}-\dfrac{\sigma_n^{(0)^3}+A\sigma_n^{(0)^2}-B}{3\sigma^{(0)^2}+2A\sigma^{(0)}}$。

（3）若 $|\sigma_n^{(1)}-\sigma_n^{(0)}|<\varepsilon$，则转向（4）；否则令 $\sigma_n^{(0)}=\sigma_n^{(1)}$，转向（2）。

（4）输出满足精度的根 $\sigma_n^{(1)}$，结束计算。

卡尔丹一元三次方程解法：$ax^3+bx^2+cx+d=0$ 化为 $x^3+px+q=0$。

其中 $p=\left(\dfrac{c}{a}-\dfrac{b^2}{3a^2}\right),q=\left(\dfrac{d}{a}+\dfrac{2b^3}{27a^3}-\dfrac{bc}{3a^2}\right)$。

$$y_1=\sqrt[3]{-\frac{1}{2}q+\sqrt{\left(\frac{q}{2}\right)^2+\left(\frac{p}{3}\right)^3}}+\sqrt[3]{-\frac{1}{2}q-\sqrt{\left(\frac{q}{2}\right)^2+\left(\frac{p}{3}\right)^3}}$$

$$y_2=\omega\sqrt[3]{-\frac{1}{2}q+\sqrt{\left(\frac{q}{2}\right)^2+\left(\frac{p}{3}\right)^3}}+\omega^2\sqrt[3]{-\frac{1}{2}q-\sqrt{\left(\frac{q}{2}\right)^2+\left(\frac{p}{3}\right)^3}}$$

$$y_3=\omega^2\sqrt[3]{-\frac{1}{2}q+\sqrt{\left(\frac{q}{2}\right)^2+\left(\frac{p}{3}\right)^3}}+\omega\sqrt[3]{-\frac{1}{2}q-\sqrt{\left(\frac{q}{2}\right)^2+\left(\frac{p}{3}\right)^3}}$$

其中 $\omega=-1+\sqrt{3}i$，$\Delta=\left(\dfrac{q}{2}\right)^2+\left(\dfrac{p}{3}\right)^3$ 是根的判别式。

$\Delta>0$ 时，有 1 个实根 2 个虚根。

$\Delta=0$ 时，有 3 个实根，且其中至少有 2 个根相等。

$\Delta<0$ 时，有 3 个不等实根。

二、连续档距的代表档距及状态方程

式（3-7）状态方程式，是按悬挂点等高的一个孤立档距推得的。在实际工程中一个耐张段往往包含不同的档距，如 l_1，l_2，l_3，…，l_n 等，这些档距称为连续档距。由于地形条件的限制，连续档的各档距长度及悬点高度不完全相等。为了简化连续档距中架空线应力的计算，可将连续档距用一个等价孤立的档距代表，此等价的孤立档距称为代表档距。

连续档距中的架空线在安装时，各档距的水平张力是按同一值架设的，故悬垂绝缘子串处于垂直状态。但当气象情况变化后，各档距中导线的水平张力和水平应力将因各档距长度的差异大小不等。这时，各直线杆塔上的悬垂绝缘子串，将因两侧水平张力不等而向张力大的一侧偏斜，偏斜的结果，又促使两侧水平张力获得基本平衡。所以，除档距长度、高差相差悬殊者外，一般情况下，耐张段中各档距在各种气象条件下的导线水平张力和水平应力总是相等或基本相等的，因此根据式（3-7）可以写出耐张段中各档距的状态方程式分别为

$$\sigma_n-\frac{El_1^2g_n^2}{24\sigma_n^2}=\sigma_m-\frac{El_1^2g_m^2}{24\sigma_m^2}-\alpha E(t_n-t_m)$$

$$\sigma_n-\frac{El_2^2g_n^2}{24\sigma_n^2}=\sigma_m-\frac{El_2^2g_m^2}{24\sigma_m^2}-\alpha E(t_n-t_m)$$

……

$$\sigma_n-\frac{El_n^2g_n^2}{24\sigma_n^2}=\sigma_m-\frac{El_n^2g_m^2}{24\sigma_m^2}-\alpha E(t_n-t_m)$$

将各方程两端分别乘以 l_1，l_2，…，l_n，然后将它们各项相加得

$$\sigma_n(l_1+l_2+\cdots+l_n)-\frac{Eg_n^2}{24\sigma_n^2}(l_1^3+l_2^3+\cdots+l_n^3)$$

$$=\sigma_m(l_1+l_2+\cdots+l_n)-\frac{Eg_m^2}{24\sigma_m^2}(l_1^3+l_2^3+\cdots+l_n^3)-\alpha E(t_n-t_m)(l_1+l_2+\cdots+l_n) \tag{3-12}$$

再将式（3-12）两端均除以耐张段长度（$l_1+l_2+\cdots+l_n$），得

$$\sigma_n-\frac{Eg_n^2(l_1^3+l_2^3+\cdots+l_n^3)}{24\sigma_n^2(l_1+l_2+\cdots+l_n)}=\sigma_m-\frac{Eg_m^2(l_1^3+l_2^3+\cdots+l_n^3)}{24\sigma_m^2(l_1+l_2+\cdots+l_n)}-\alpha E(t_n-t_m)$$

令

$$l_r=\sqrt{\frac{l_1^3+l_2^3+\cdots+l_n^3}{l_1+l_2+\cdots+l_n}}=\sqrt{\frac{\sum l_i^3}{\sum l_i}} \tag{3-13}$$

则得

$$\sigma_n-\frac{Eg_n^2l_r^2}{24\sigma_n^2}=\sigma_m-\frac{Eg_m^2l_r^2}{24\sigma_m^2}-\alpha E(t_n-t_m) \tag{3-14}$$

式（3-14）即为一个耐张段连续档的状态方程，其中 l_r 为耐张段的代表档距。将式（3-7）和式（3-14）相比可以看出，它们的形式完全相同，只是孤立档的状态方程式中的档距取该档的档距 l，而对于一个耐张段连续档状态方程，则取耐张段的代表档距 l_r。

当一个耐张段各档距悬挂点不等高，而且需要考虑高差影响时，这时连续档的导线状态方程为

$$\sigma_n-\frac{Eg_n^2l_r^2}{24\sigma_n^2}=\sigma_m-\frac{Eg_m^2l_r^2}{24\sigma_m^2}-\alpha_rE(t_n-t_m) \tag{3-15}$$

其中

$$l_r^2=\frac{l_1^3\cos^3\varphi_1+l_2^3\cos^3\varphi_2+\cdots+l_n^3\cos^3\varphi_n}{l_1\cos\varphi_1+l_2\cos\varphi_2+\cdots+l_n\cos\varphi_n}=\frac{\sum l_i^3\cos^3\varphi_i}{\sum l_i\cos\varphi_i} \tag{3-16}$$

$$\alpha_r=\alpha\frac{l_1+l_2+\cdots+l_n}{l_1\cos\varphi_1+l_2\cos\varphi_2+\cdots+l_n\cos\varphi_n}=\alpha\frac{\sum l_i}{\sum l_i\cos\varphi_i} \tag{3-17}$$

式中　l_r——计及高差影响时，耐张段代表档距，m；

φ_i——耐张段中各档导线的高差角，(°)；

α——导线的热膨胀系数，1/℃；

α_r——计及高差影响时的导线热膨胀系数，1/℃。

应当指出，导线的热膨胀系数，在物理意义上并不存在需要按高差修正。这实际上是状态方程计及高差影响，分配到热膨胀系数的结果。

三、悬挂点不等高时的状态方程

当悬挂点不等高，但高差 $\Delta h<10\%l$ 时，其状态方程仍采用式（3-7），计算精度满

足工程要求。若悬挂点高差 $\Delta h \geqslant 10\% l$ 时，应考虑高差的影响。其状态方程的推导方法和悬挂点等高时的方法相同，但一档线长公式要采用由斜抛物线方程确定的，略去推导过程，得到状态方程如下：

$$\sigma_n - \frac{E g_n^2 l^2 \cos^3 \varphi}{24\sigma_n^2} = \sigma_m - \frac{E g_m^2 l^2 \cos^3 \varphi}{24\sigma_m^2} - \alpha E \cos\varphi (t_n - t_m) \tag{3-18}$$

式中 φ——导线悬挂点高差角。

第二节 临界档距及控制气象条件的判断

架空线路的导线应力是随着档距的不同和气象条件的改变而变化的。为了保证架空线在任何气象条件下的应力都不超过允许应力，必须使架空线在长期运行中可能出现的最大应力等于允许应力。因此，需要找出出现最大应力时的气象条件，该气象条件称为控制气象条件，与之对应的导线的允许应力称为控制应力。

以控制气象条件和相应的控制应力为已知状态，利用状态方程求出架设导线时相应气象条件下的应力和弧垂。按照计算出的应力和弧垂安装导线，就可以保证导线在运行中，在任何气象条件下，其应力不超过允许值。

一般情况下，可能成为控制条件的气象条件有以下四种：①最低气温、无风、无冰；②最大风速、无冰、相应的气温；③最大覆冰、相应风速、−5℃；④年平均气温、无风、无冰。

其中前三种情况下，可能出现最大应力，因而其控制应力都是导线的允许应力，也称为最大使用应力。最后一种条件是从导线防振观点提出的，为了满足导线耐振的要求，在年平均气温条件下，导线应力不得大于年平均运行应力。DL/T 5092—1999《110～500kV架空送电线路设计技术规程》规定，导线的平均运行应力上限为其瞬时破坏应力的25%，即控制应力为25%σ_p。

以上四种条件，并不是在所有的档距范围内都是控制条件，而是在某一档距范围内仅由其中的一种情况起控制作用。当大于某一档距范围时，由一种情况控制，当小于该档距范围时，则由另一种情况控制。在一定的档距范围内，究竟哪种条件为控制气象条件，可通过有效临界档距的判别来确定。

一、导线的允许控制应力

1. 导线的最大使用应力

规程规定，导线最低点的最大使用应力（即允许控制应力）按式（3-19）计算：

$$\sigma_M = \frac{\sigma_p}{K} \tag{3-19}$$

式中 σ_M——架空线的最大使用应力，MPa；

σ_p——架空线的瞬时破坏应力，对于各类钢芯铝线，是指综合瞬时破坏应力，MPa；

K——架空线的安全系数，送电线路导线的设计安全系数不应小于2.5；架线安装时不应小于2.0，避雷线的安全系数宜大于导线的安全系数。

在跨越档距中，按稀有气象条件和重冰区较少出现的覆冰情况验算时，架空线最低点的最大应力不应超过瞬时破坏应力的 60%，即此时最小安全系数不应小于 1/0.6=1.67。

如果悬挂点高差过大，应验算悬挂点应力，它可以比导线悬链曲线最低点的应力 σ_{max} 高 10%。

导线的最大使用应力就是最大风速、最低温度和覆冰三种可能控制条件的控制应力。

2. 导线防振对导线应力的限制

从导线防振的观点出发，规程对导线在可能发生振动的条件下，即年平均气温、无风条件下的应力作了规定：①导线的平均运行应力上限为导线瞬时破化应力的 25%；②平均运行应力指年平均计算气温、无风、无冰下的导线的应力。

二、临界档距及判别控制条件的原则

1. 控制条件的判别式及其特点

假设控制条件为 m 状态，其比载 g_m、气温 t_m 及相应的控制应力 σ_m 均为已知，利用状态方程式（3-7），可求出另一状态 n 下比载为 g_n、气温为 t_n 时的应力 σ_n：

$$\sigma_n^2\left[\sigma_n+\left(\frac{Eg_m^2l^2}{24\sigma_m^2}-\sigma_m-\alpha Et_m\right)+\alpha Et_n\right]=\frac{Eg_n^2l^2}{24} \tag{3-20}$$

把前面讲述的四种可能控制条件分别作为 m 状态代入式（3-20），可求出四个同一档距、n 状态下导线的应力 σ_n 值。其中与最小的 σ_n 值对应的可能控制条件才是真正的控制条件。因为在此条件下的控制应力为已知状态，代入状态方程，求其他三种可能控制条件的导线应力，都小于它们相应的控制应力。所以与最小的 σ_n 值对应的气象条件为最危险气象条件，即控制条件。令

$$F_m(l)=\frac{Eg_m^2l^2}{24\sigma_m^2}-(\sigma_m+\alpha Et_m) \tag{3-21}$$

由式（3-20）可知，哪个条件下的 $F_m(l)$ 值最大，哪个条件作为已知条件求得的 σ_n 值便最小，该条件即为控制条件。所以，式（3-21）称为控制条件的判别式。

$F_m(l)$ 的特点：

（1）$F_m(l)$ 与 l 是抛物线关系，且抛物线对称于纵坐标轴 $F(l)$（l 轴为横坐标轴）。

（2）当 $l=0$ 时，$F_m(l)$ 的初值为负值，即

$$F_m(0)=-(\sigma_m+\alpha Et_m) \tag{3-22}$$

（3）$F_m(l)$ 抛物线的斜率为

$$\frac{dF_m(l)}{dl}=\frac{Eg_m^2l}{12\sigma_m^2} \tag{3-23}$$

当 $l=0$ 时，斜率为零；当 g_m/σ_m 较大时，随着 l 的增加，其斜率也越来越大，曲线上升的也较快。

2. 临界档距

（1）临界档距的含义。如果令 i 状态下导线的应力等于其控制应力（即 i 状态为控制

条件)，用状态方程计算 j 状态的导线应力，在不同的档距下，求得的 j 状态的导线应力可能同于或异于 j 状态的控制应力。当线路档距为某一数值时，如果 i 状态下的导线应力等于其控制应力，用状态方程求得的 j 状态应力也恰好等于 j 状态下的控制应力，则该档距被称为 i 状态和 j 状态的临界档距，用 l_1 表示。

(2) 临界档距的计算公式。设 i 状态的参量为：比载 g_i、气温 t_i、导线的控制应力 σ_i，相应的控制条件判别式为

$$F_i(l)=\frac{Eg_i^2l^2}{24\sigma_i^2}-(\sigma_i+\alpha Et_i) \tag{3-24}$$

设 j 状态的参量为：比载 g_j、气温 t_j、导线的控制应力 σ_j，相应的控制条件判别式为

$$F_j(l)=\frac{Eg_j^2l^2}{24\sigma_j^2}-(\sigma_j+\alpha Et_j) \tag{3-25}$$

两个判别式的曲线如图 3-1 所示，相交于一点 P，则 P 点所对应的档距就是临界档距。也就是说，当线路的实际档距等于临界档距时，两种状态的应力都等于各自的控制应力，两种条件具有同样的危险程度。令 $F_i(l)=F_j(l)$，解得两条件的临界档距为

$$l_1=\sqrt{\frac{24\times[(\sigma_i-\sigma_j)+\alpha E(t_i-t_j)]}{E\left[\left(\frac{g_i}{\sigma_i}\right)^2-\left(\frac{g_j}{\sigma_j}\right)^2\right]}} \tag{3-26}$$

式中　σ_i、σ_j——可能控制条件所对应的控制应力，MPa；
　　g_i、g_j——可能控制条件的比载，N/(m·mm²)；
　　t_i、t_j——可能控制条件的气温，℃；
　　α、E——导线温度线膨胀系数，1/℃，导线的弹性系数，MPa；
　　l_1——临界档距，m。

3. 判别控制条件的原则

用式 (3-26) 计算出的临界档距可以是正实数、零、无穷大、虚数，下面分四种情况来讨论。

(1) 假设临界档距为正实数，即 $l_1>0$。如果 $F_i(0)>F_j(0)$，则 $(\sigma_i-\sigma_j)+\alpha E(t_i-t_j)<0$，必然有 $\frac{g_i}{\sigma_i}>\frac{g_j}{\sigma_j}$，即 $F_i(l)$ 曲线斜率上升的快，如图 3-1 所示。当 $l<l_1$ 时，$F_i(l)>F_j(l)$，那么 i 条件为控制条件，即 $\frac{g}{\sigma}$ 值较小的条件为控制条件；当 $l>l_1$ 时，$F_j(l)>F_i(l)$，那么 j 条件即 $\frac{g}{\sigma}$ 值较大的条件为控制条件；当 $l=l_1$ 时，两种条件均为控制条件。

(2) 假设临界档距为零，即 $l_1=0$。由式 (3-26) 知 $(\sigma_i-\sigma_j)+\sigma E(t_i-t_j)=0$，也就是 $F_i(0)=F_j(0)$。此时 $F_i(l)$、$F_j(l)$ 的曲线如图 3-2 所示。由于两条曲线初始值相等，斜率大的 $F(l)$ 值一定比较大。由于 $\frac{g_i}{\sigma_i}>\frac{g_j}{\sigma_j}$，所以 $F_i(l)>F_j(l)$，i 条件即 $\frac{g}{\sigma}$ 值较大的条

件为控制条件。

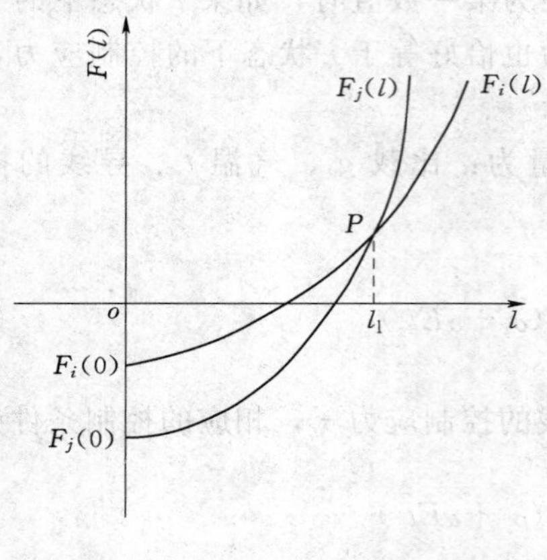

图 3-1　临界档距

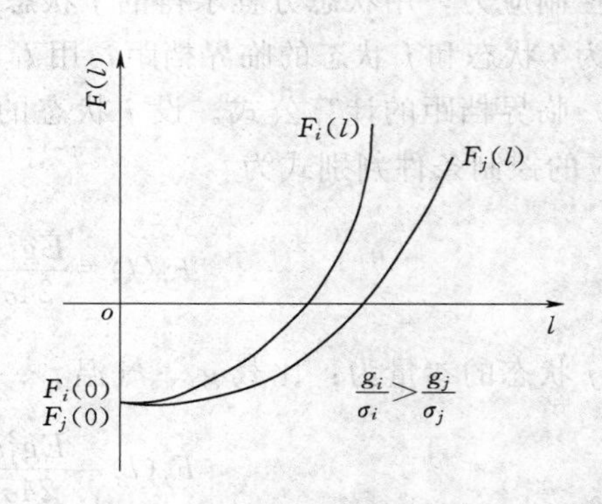

图 3-2　临界档距 $l_1=0$

(3) 假定临界档距 $l_1=\infty$，从临界档距的计算公式知$\frac{g_i}{\sigma_i}=\frac{g_j}{\sigma_j}$，且 $F_i(0)\neq F_j(0)$，两条曲线如图 3-3 所示，它们是平行曲线。这时 $F(l)$ 初值大的条件即 i 条件恒为控制条件。图中 $F_i(0)>F_j(0)$，则由式 (3-23) 可知，$\sigma_i+\sigma Et_i<\sigma_j+\alpha Et_j$，所以 $(\alpha_+\alpha Et)$ 值小的条件为控制条件。

(4) 假定临界档距为虚数，即 $l_1^2<0$。如果 $F_i(0)>F_j(0)$，则 $(\sigma_i-\sigma_j)+\alpha E(t_i-t_j)<0$。由式 (3-27) 可知，$\frac{g_i}{\sigma_i}>\frac{g_i}{\sigma_j}$。两条曲线形状如图 3-4 所示，它们没有交点。此时比值$\frac{g}{\sigma}$较大的，$F(l)$ 值也大。所以，比值$\frac{g}{\sigma}$较大的条件即 i 条件为控制条件。

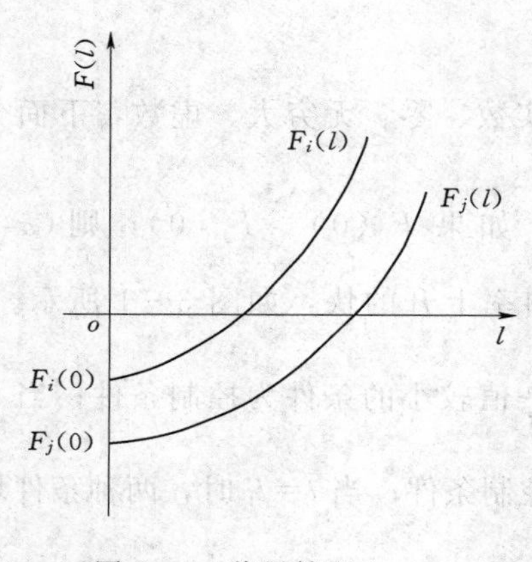

图 3-3　临界档距 $l_1=\infty$

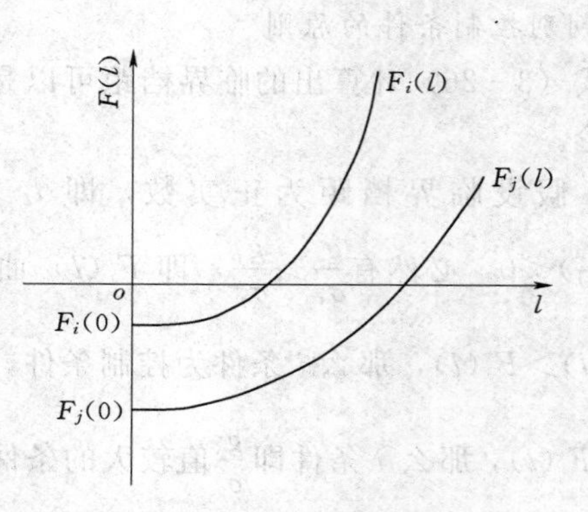

图 3-4　临界档距 $l_1^2<0$

需要说明一点，上面讨论过程中若把假定 $F_i(0)>F_j(0)$ 处换成假定 $F_j(l)>F_i(l)$，可得到同样的结论。

将前面分析的结果作为判断控制条件的原则列于表 3-1 中。

表 3-1　　判断控制条件的几项原则

编号	临界档距 l_1	危险气象条件（控制条件）的判断原则	g/σ 值
1	$l_1>0$	(1) $l>l_1$ 时，g/σ 值较大的条件为控制条件。 (2) $l<l_1$ 时，g/σ 值较小的条件为控制条件	$\frac{g_i}{\sigma_i}<\frac{g_j}{\sigma_j}$　$F_i(0)>F_j(0)$
2	$l_1=0$	g/σ 值较大的条件为控制条件	$\frac{g_i}{\sigma_i}\neq\frac{g_j}{\sigma_j}$　$F_i(0)=F_j(0)$
3	$l_1=\infty$	$(\sigma+\sigma Et)$ 值较小的条件为控制条件	$\frac{g_i}{\sigma_i}=\frac{g_j}{\sigma_j}$　$F_i(0)\neq F_j(0)$
4	$l_1^2<0$	g/σ 值较大的条件为控制条件	$\frac{g_i}{\sigma_i}>\frac{g_j}{\sigma_j}$　$F_i(0)>F_j(0)$

三、临界档距的判别方法

前面讲述了两个条件之间相互比较的原则，下面将介绍如何根据上述原则，在四种可能的控制条件中，通过有效临界档距的判别来确定真正的控制条件，其方法如下。

1. 按照 g/σ 值的大小排列四种可能控制条件的次序

对四种可能控制情况，分别算出 g/σ 值，并按 g/σ 值的大小，由小到大分别给予 A、B、C、D 编号。如果某两个条件的 g/σ 值相等，可分别计算这两种情况的（$\sigma+\sigma Et$）值，（$\sigma+\alpha Et$）值大的不是控制条件，予以舍弃。这时可能控制条件将减少到三个。

2. 将临界档距列表

算出每两个气象条件组合之间的临界档距，并按表 3-2 的方法排列组合。

表 3-2　　有效临界档距判别表

A	B	C
l_{1AB}	l_{1BC}	l_{1CD}
l_{1AC}	l_{1BD}	
l_{1AD}		

3. 判别 A、B、C 栏的有效临界档距和控制区

四种控制条件两两组合代入临界档距计算公式可求得六个临界档距。但是，真正有意义的临界档距（称有效临界档距），最多不会超过三个。因为四种控制条件即使都起控制作用也只能控制四个档距范围，相当于有三个边界点（临界档距）。有时计算出的临界档距本身是无意义的虚数，故使有效临界档距最多不会超过三个。

从 A 栏开始确定有效临界档距。

(1) 首先察看 A 栏中各临界档距有无零或虚数值，只要有一个临界档距值为零或虚数，则该栏内所有临界档距均被舍弃，即该栏内没有有效临界档距。因为根据表 3-1 所列的判别原则，当 $l_1=0$ 或 $l_1^2<0$ 时，g/σ 值最小的编号 A 所代表的条件不是控制条件，而应以 B 或 C 或 D 所代表的条件作为控制条件。所以，此时 A 栏没有有效临界档距。

(2) 若 A 栏内临界档距都大于零，则三者之中最小的一个是 A 栏的有效临界档距，另外两个舍弃。当实际档距小于有效临界档距时，根据表 3-1 所列的原则可知，g/σ 值最小的编号 A 所代表的条件为控制条件；当实际档距大于有效临界档距时，则以 B 或 C

或D所代表的条件为控制条件。

确定了A栏的有效临界档距之后，可以用同样的方法确定B栏的有效临界档距。但应注意一个问题，若A栏确定的有效临界档距为l_{lAC}，则B栏被隔越，可转至C栏进行判断。即B栏不存在有效临界档距，B所代表的条件也不是控制条件。因为，当$l_{lAC}<l_{lAB}$时，在$l_{lAC}<l<l_{lAB}$区间，根据表3-1中的判断控制条件的原则可知，C条件比A条件危险，而A条件又比B条件危险，所以C条件成为控制条件。同时B条件的g/σ值比C条件小，从C条件成为控制条件的临界档距开始，档距越大，B越不能成为控制条件，这说明B所代表的条件被隔越。

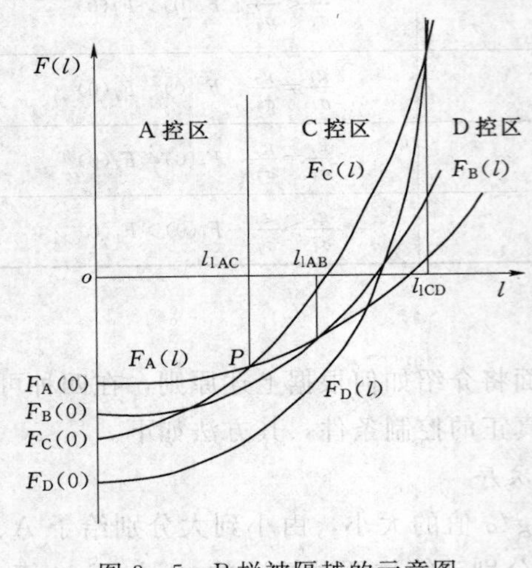

图3-5 B栏被隔越的示意图

为了便于理解，可以用图3-5所示的$F(l)$曲线来说明这一问题。在$l_{lAC}<l_{lAB}$的情况下，当$l>l_{lAC}$时，存在$F_C(l)>F_A(l)$和$F_C(l)>F_B(l)$。由于C条件的g/σ值比B条件的大，所以$F_C(l)$曲线斜率大于$F_B(l)$。随着l的增加，恒有$F_C(l)>F_B(l)$，所以B条件永远不可能成为控制条件，即B栏不存在有效临界档距。同理，如果A栏的有效临界档距为l_{lAD}，则B栏和C栏都被隔越；如果B栏的有效临界档距为l_{lBD}，则C栏被隔越。

通过上述临界档距的判断，最后得出一组有效临界档距，这些临界档距的注脚是依次连接的，将这些有效临界档距标在档距数轴上，即将数轴分成若干区间，这时可按有效临界档距注脚字母代表的控制情况确定每一个区间的控制情况。例如当有效临界档距为l_{lAC}和l_{lCD}时，其控制情况如图3-6所示。

A控区	C控区	D控区
0	l_{1AC}	l_{1CD}　l_1/m

图3-6 临界档距控制情况

四、举例

【例3-1】 某架空线路导线采用LGJ-120/20，通过Ⅳ类典型气象区，试计算临界档距，并确定控制条件下的控制范围。

解： 查找数据可知，LGJ-120/20导线的计算拉断力为41000N，计算直径$d=15.07$mm，单位长度质量$m_0=466.8$kg/km，计算截面为134.49mm²，所以导线的综合瞬时破坏应力$\sigma_p=41000/134.49=304.855$（N/mm²），LGJ-120/20导线的铝钢结构比为26/7，所以通过查找可得，弹性系数$E=76000$N/mm²，线膨胀系数$\alpha=18.9\times10^{-6}$（1/℃）。

Ⅳ类典型气象区的气象数据为：覆冰厚度$b=5$mm，覆冰时风速$v=10$m/s，最大风速$v=25$m/s。

1. 控制应力

取安全系数$K=2.5$，则最大使用应力为

$$\sigma_M=\frac{\sigma_p}{K}=\frac{304.855}{2.5}=121.942(\text{MPa})$$

在平均气温时，控制应力为平均运行应力的上限，即 $\sigma_p\times25\%=304.855\times25\%=76.214(\text{MPa})$。

2. 可能控制条件列表

根据比载、控制应力，将有关数据按 g/σ_k 值由小到大列出表格，并按 A、B、C、D 顺序编号，见表 3-3。导线比载的计算结果如下。

表 3-3 可能控制条件排列表

项目 \ 条件	最低温度	年平均气温	最大风速	覆冰
控制应力/MPa	121.942	76.214	121.942	121.942
比载/[N/(m·mm²)]	34.015×10^{-3}	34.015×10^{-3}	55.420×10^{-3}	55.420×10^{-3}
温度/℃	−20	10	−5	−5
g/σ	0.297×10^{-3}	0.446×10^{-3}	0.454×10^{-3}	0.462×10^{-3}
顺序代号	A	B	C	D

(1) 自重比载为

$$g_1=9.8\times\frac{m_0}{S}\times10^{-3}=\frac{9.8\times466.8}{134.49}\times10^{-3}=34.015\times10^{-3}[\text{N}/(\text{m}\cdot\text{mm}^2)]$$

(2) 冰重比载为

$$g_2=27.728\times\frac{b(b+d)}{S}\times10^{-3}=27.728\times\frac{5\times(5+15.07)}{134.49}\times10^{-3}=20.674\times10^{-3}[\text{N}/(\text{m}\cdot\text{mm}^2)]$$

(3) 自重和冰重总比载（垂直总比载）为

$$g_3=g_1+g_2=34.05\times10^{-3}+20.674\times10^{-3}=54.689\times10^{-3}[\text{N}/(\text{m}\cdot\text{mm}^2)]$$

(4) 无冰时风压比载为：当风速为 25m/s 时，风速不均匀系数 $\alpha=0.85$，因为导线的计算直径为 15.07mm<17mm，$K_z=1$，故知导线的风载体型系数 $C=1.2$，此时风压比载如下：

$$g_{4(25)}=\frac{0.6125K_z\alpha Cdv^2}{S}\times10^{-3}=\frac{0.6125\times1.0\times0.85\times1.2\times15.07\times25^2}{134.49}\times10^{-3}=43.753\times10^{-3}[\text{N}/(\text{m}\cdot\text{mm}^2)]$$

(5) 覆冰时的风压比载为：由覆冰时风速 $v=10\text{m/s}$，风速不均匀系数 $\alpha=1.0$，而且 $C=1.2$，此时风压比载如下：

$$g_5=\frac{0.6125K_z\alpha C(d+2b)v^2}{1000S}=\frac{0.6125\times1.0\times1.0\times1.2\times10^2\times(15.07+2\times5)}{1000\times134.49}=13.701\times10^{-3}[\text{N}/(\text{m}\cdot\text{mm}^2)]$$

(6) 无冰有风时的综合比载为

$$g_{6(25)}=\sqrt{g_1^2+g_{4(25)}^2}=\sqrt{34.015^2+43.753^2}\times10^{-3}=55.420\times10^{-3}[\text{N}/(\text{m}\cdot\text{mm}^2)]$$

（7）有冰有风时的综合比载为

$$g_7=\sqrt{g_3^2+g_5^2}=\sqrt{54.689^2+13.701^2}\times10^{-3}=56.379\times10^{-3}[\mathrm{N/(m\cdot mm^2)}]$$

3. 计算临界档距

临界档距计算如下：

$$l_1=\sqrt{\frac{24(\sigma_i-\sigma_j)+24\alpha E(t_i-t_j)}{E[(g_i/\sigma_i)^2-(g_j/\sigma_j)^2]}}$$

$$l_{1AB}=\sqrt{\frac{24\times(121.942-76.214)+24\times18.9\times10^{-6}\times76000\times(-20-10)}{76000\times[(0.279\times10^{-3})^2-(0.446\times10^{-3})^2]}}=i82.917(\mathrm{m})$$

$$l_{1AC}=\sqrt{\frac{24\times(121.942-121.942)+24\times18.9\times10^{-6}\times76000\times(-20+5)}{76000\times[(0.279\times10^{-3})^2-(0.454\times10^{-3})^2]}}=230.309(\mathrm{m})$$

$$l_{1AD}=\sqrt{\frac{24\times(121.942-121.942)+24\times18.9\times10^{-6}\times76000\times(-20+5)}{76000\times[(0.279\times10^{-3})^2-(0.462\times10^{-3})^2]}}=224(\mathrm{m})$$

$$l_{1BC}=\sqrt{\frac{24\times(121.942-121.942)+24\times18.9\times10^{-6}\times76000\times(-20+5)}{76000\times[(0.446\times10^{-3})^2-(0.454\times10^{-3})^2]}}=1029.86(\mathrm{m})$$

$$l_{1BD}=\sqrt{\frac{24\times(76.214-121.942)+24\times18.9\times10^{-6}\times76000\times(10+5)}{76000\times[(0.446\times10^{-3})^2-(0.462\times10^{-3})^2]}}=752.007(\mathrm{m})$$

$$l_{1CD}=\sqrt{\frac{24\times(121.942-121.942)+24\times18.9\times10^{-6}\times76000\times(-5+5)}{76000\times[(0.454\times10^{-3})^2-(0.462\times10^{-3})^2]}}=0(\mathrm{m})$$

4. 确定控制条件

列出临界档距控制条件判别表，见表 3-4。

表 3-4　有效临界档距控制条件判别表

A	B	C
$l_{1AB}=i82.917$(m)	$l_{1BC}=1029.86$(m)	$l_{1CD}=0$(m)
$l_{1AC}=230.309$(m)	$l_{1BD}=752.007$(m)	
$l_{1AD}=224$(m)		

从表 3-4 看出，A 栏中 l_{1AB} 为虚数，故该栏所有临界档距均无效，然后转换到 B 栏，选取一个最小的临界档距 $l_{1BD}=725.007$m 为第一个有效临界档距，将较大的 l_{1BC} 舍弃。由于 B 栏选取了 l_{1BD} 为有效临界档距，而且 C 栏的临界档距 $l_{1CD}=0$，所以 C 栏被隔越，即 C 栏没有有效临界档距。把有效临界档距标注在水平轴如图 3-7 所示。由图 3-7 可以看出，档距自 0～725.007m 范围内由编号 B 所代表的条件（即年平均气温和年平均运行应力）控制。档距大于 725.007m 范围由编号 D 所代表的条件（即覆冰和最大使用应力）控制。

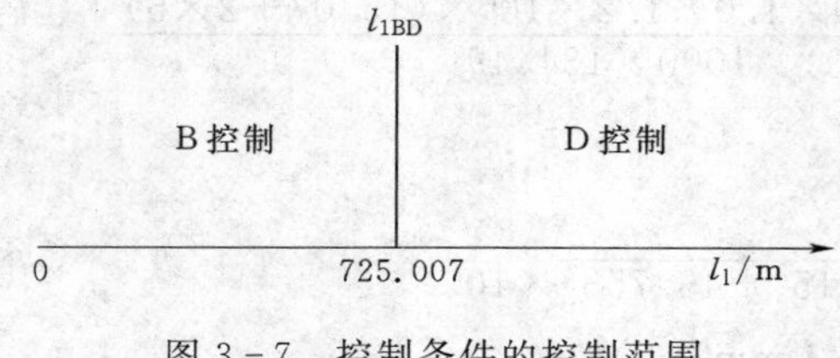

图 3-7　控制条件的控制范围

第三节　导线机械特性曲线

在线路设计过程中，为了设计的方便，根据需要应计算导线（或避雷线）在各种气象条件下和不同档距的应力和弧垂，并把计算结果，以横坐标为档距，纵坐标为应力和弧垂绘制成各种气象条件的档距与应力、弧垂曲线，这些曲线称为导线（或避雷线）的应力弧垂曲线或称为机械特性曲线。当已知气象条件和档距时，在导线和避雷线的机械特性曲线上，能够很快地查出相应的应力和弧垂。

导线（避雷线）的机械特性的计算，是根据一定的设计条件，计算出临界档距，然后判断出有效临界档距和相应的控制条件，再以控制气象条件和相应的控制应力为已知条件，利用导线状态方程式和弧垂公式，求出其他气象条件和档距时的应力和弧垂。根据工程的需要，一般按表 3－5 所列的内容计算导线和避雷线的应力弧垂曲线。

表 3－5　　应力弧垂曲线计算项目

计算项目＼气象条件		大风	覆冰	安装	事故断线	最低气温	最高气温	大气过电压（有风）	大气过电压（无风）	操作过电压
应力曲线	导线	△	△	△	△	△	△	△	△	△
	避雷线	△	△	△	△	△			△	
弧垂曲线	导线		△				△		△	
	避雷线			*					△	

注　有△者为需要绘制的曲线，无△者为不需要绘制的曲线；带＊者是在导线最大弧垂出现在最大垂直比载时，应计算覆冰、无风时和稀有覆冰无风时的弧垂曲线。

第四节　导线安装曲线

一、导线安装曲线计算

所谓导线安装曲线就是以横坐标为档距，以纵坐标为弧垂和应力，利用导线的状态方程式，将不同档距、不同气温时的弧垂和应力绘成曲线。该曲线供施工安装导线使用，并作为线路运行的技术档案资料。

导线和避雷线的架设安装，是在不同气温下进行的。施工前紧线时要用事前做好的安装曲线查出各种施工气温下的弧垂，以确定架空线的松紧程度，使其在运行中任何气象条件下的应力都不超过最大使用应力，且满足耐振条件，使导线任何点对地面及被跨越物之间的距离符合设计要求，保证运行的安全。

安装曲线通常只绘制弧垂曲线，其气象条件为无风无冰情况。温度变化范围为最高气温到最低气温，可以每隔 5℃（或 10℃）绘制一条弧垂曲线，档距的变化范围视工程实际情况而定（图 3－8）。其计算方法是以控制气象条件和控制应力为状态方程的初始条件，计算出安装导线气象条件下的应力，并求出相应的弧垂。在绘制弧垂曲线时，还要考虑导线的初伸长。

二、施工紧线时的观测弧垂

1. 观测档的选择

在连续档的施工紧线时，并不是每个档都观测弧垂，而是从一个耐张段中选出一个或几个观测档进行观测弧垂。为了使一个耐张段的各档弧垂都能满足要求，弧垂观测档应力求符合两个条件，即档距较大及悬挂点高度差较小的档。具体选择情况如下：

（1）当连续档在 6 档或 6 档以下时，靠近中间选择一大档距作为观测档。

（2）当连续档在 7～15 档时，靠近两端各选择一大档距作为观测档，但不宜选择有耐张杆的档距。

（3）当连续档在 15 档以上时，应在两端及中间附近各选一大档距作为观测档。

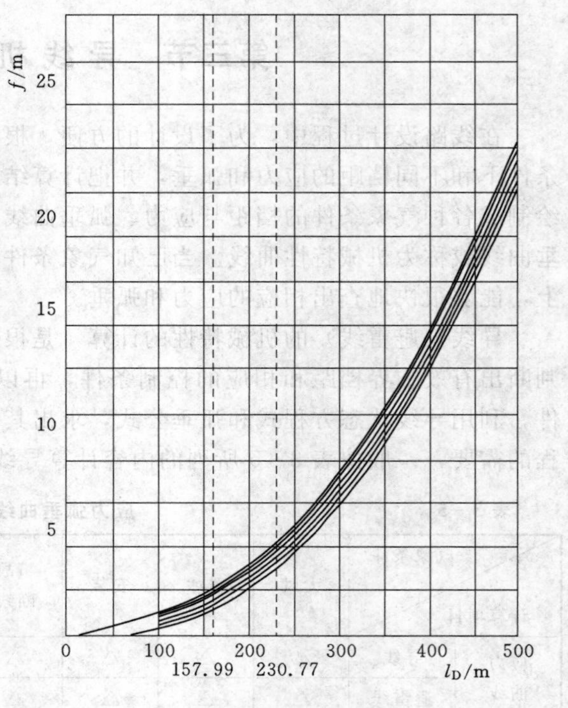

图 3-8　安装曲线（弧垂曲线）

2. 观测档的弧垂计算

线路施工时，一般根据各个耐张段的代表档距，分别从安装曲线上查出各种施工温度下的弧垂，再换算到观测档距的值，以便安装紧线时使用。当已知代表档距的弧垂时，观测档的弧垂计算如下：

$$f=f_r\left(\frac{l}{l_r}\right)^2 \tag{3-27}$$

式中　f——观测档距的弧垂，m；

f_r——代表档距的弧垂，m；

l——观测档距长度，m；

l_r——代表档距，m。

三、导线的初伸长处理

1. 初伸长及其影响

前面讲的架空线的力学计算，只考虑了弹性变形。实际上金属绞线不是完全弹性体，因此安装后除产生弹性伸长外，还将产生塑性伸长和蠕变伸长，综合成为塑蠕伸长。塑蠕伸长使导线、避雷线产生永久性变形，即张力消失这两部分伸长仍不消失，在工程上称为初伸长。

初伸长与张力的大小和作用时间的长短有关。在运行过程中随着导线张力的变化和时间的推移，这种初伸长逐渐被伸展出来，最终在 5～10 年后才趋于一稳定值。初伸长增加了档距内的导线长度，从而使弧垂永久性增大，结果使导线对地和被跨越物的距离变小，危及线路的安全运行。因此，在进行新线架设施工时，必须对架空线预作补偿或实行预拉，使其在长期运行后不致因塑蠕伸长而增大弧垂。

2. 初伸长的补偿

补偿初伸长最常用的方法有减小弧垂法和降温法等。

(1) 减小弧垂法。在架线时适当地减小导线的弧垂（增加架线应力），待初伸长在运行中被拉出后，所增加的弧垂恰恰等于架线时减少的弧垂，从而达到设计弧垂。下面导出考虑补偿初神长的导线状态方程。

设架线状态为 J 状态，各参量为：g_J、t_J、σ_J、L_J；导线产生初伸长后的最终状态为 m 状态，各参量为：g_m、t_m、σ_m、L_m。其中，$L_m=l+\frac{g_m^2 l^3}{24\sigma_m^2}$为初伸长发生后 m 状态下的线长；$L_J=l+\frac{g_J^2 l^3}{24\sigma_J^2}$是为了补偿导线初伸长，架线状态 J 应有的线长。

为了补偿初伸长，在架设导线时应把导线收紧些，使线长 L_J 比不补偿初伸长的线长稍有缩短。这样，L_J 因温度变化产生伸缩、因应力变化产生弹性伸缩再加上导线的初伸长量 $L_J\varepsilon$，便等于初伸长产生后 m 状态下的线长 L_m，即

$$L_m=L_J[1+\alpha(t_m-t_J)]\left[1+\frac{1}{E_K}(\sigma_m-\sigma_J)\right]+L_J\varepsilon$$

$$\approx L_J+L_J\left[\alpha(t_m-t_J)+\frac{1}{E_K}(\sigma_m-\sigma_J)\right]+L_J\varepsilon \tag{3-28}$$

把线长 L_m、L_J 的表达式代入式（3-28）整理得

$$\sigma_J-\frac{E_K g_J^2 l^2}{24\sigma_J^2}=\sigma_m-\frac{E_K g_m^2 l^2}{24\sigma_m^2}-\alpha E_K(t_J-t_m)+E_K\varepsilon \tag{3-29}$$

式中 E_K——导线产生初伸长后最终状态的弹性系数，N/mm^2；

ε——导线的伸长率；

其他符号意义同前。

从式（3-29）可以看出，由于计入了 $E_K\varepsilon$，用状态方程式计算的架线应力 σ_J 相应地增大了，因而架线弧垂 f_J 相应减小了，恰可抵偿线路运行后由初伸长所造成的弧垂增大。导线和避雷线的初伸长率应通过试验确定，如无资料，一般可采用下列数值：

1）钢芯铝线：$3\times10^{-4}\sim4\times10^{-4}$。

2）轻型钢芯铝线：$4\times10^{-4}\sim5\times10^{-4}$。

3）加强型钢芯铝线：3×10^{-4}。

4）钢绞线：1×10^{-4}。

有关规程规定，对于10kV及以下配电线路，一般采用减少弧垂法补偿初伸长对弧垂的影响，弧垂减少的百分数如下：

1）铝绞线：20%。

2）钢芯铝绞线：12%。

3）铜绞线：7%～8%。

(2) 降温法。降温法是目前广泛采用的初伸长补偿方法。即将紧线时的气温降低一定的温度，然后按降低后的温度，从安装曲线查得代表档距的弧垂。再按式（3-27）计算出观测档距的弧垂，该弧垂即为考虑了初伸长影响的紧线时的观测弧垂。在式（3-29）中，令

$$\varepsilon=\alpha\Delta t \tag{3-30}$$

式中 ε——导线初伸长率；

α——导线线膨胀系数，1/℃；

Δt——等值温差，在该温差下导线的热膨胀伸长率等于导线的初伸长率，℃。

则式（3-29）变为

$$\sigma_J-\frac{E_K g_J^2 l^2}{24\sigma_J^2}=\sigma_m-\frac{E_K g_m^2 l^2}{24\sigma_m^2}-\alpha E_K[(t_J-\Delta t)-t_m] \tag{3-31}$$

式中符号意义同前。

由上式可以看出，架线温度取比实际温度低 Δt℃，即可补偿初伸长的影响。对于不同种类的导线和避雷线，在考虑初伸长影响时，其降低的温度值是不同的，Δt 的值可根据式（3-30）来确定。与前面推荐的各种导线和避雷线初伸长率相对应的降温值如下：

1）钢芯铝线：15～20℃。

2）轻型钢芯铝线：20～25℃。

3）加强型钢芯铝线：15℃。

4）钢绞线：10℃。

第五节 最大弧垂的计算及判断

设计杆塔高度、校验导线对地面、水面或被跨越物间的安全距离，以及按线路路径的纵断面图排定杆塔位置等，都必须计算最大弧垂。最大弧垂可能在最高气温时或最大垂直比载时出现。为了求得最大弧垂，直观的办法是将两种情况下的弧垂分别计算出来加以比较，即可求得最大弧垂发生在什么情况下。但为了简便起见，一般先判定出现最大弧垂的气象条件，然后计算出此气象条件下的弧垂，即为最大弧垂。判断出现最大弧垂的气象条件，可用下面三种方法。

一、临界温度法

若在某一温度，导线自重所产生的弧垂与最大垂直比载（有冰无风）时的弧垂相等，则此温度称为临界温度，用 t_1 表示。在临界温度的气象条件下，比载 $g=g_1$，温度 $t=t_1$，应力 $\sigma=\sigma_1$，相应的弧垂为

$$f_1=\frac{g_1 l^2}{8\sigma_1}$$

在最大垂直比载的气象条件下，比载 $g=g_3$，温度 $t=t_3$（-5℃），应力 $\sigma=\sigma_3$，相应的弧垂为

$$f_3=\frac{g_3 l^2}{8\sigma_3}$$

由临界温度的定义可知：$f_1=f_3$，从而可求得 σ_1 满足式（3-32）：

$$\sigma_1=\sigma_3\frac{g_1}{g_3} \tag{3-32}$$

以最大垂比载时的 g_3、t_3、σ_3 为 n 状态，以临界温度时的 g_1、t_1、$\sigma_1=\sigma_3\dfrac{g_1}{g_3}$ 为 m 状

态，把两种条件代入状态方程，得

$$\sigma_3-\frac{Eg_3^2l^2}{24\sigma_3^2}=\sigma_3\ \frac{g_1}{g_3}-\frac{Eg_1^2l^2}{24\left(\sigma_3\ \frac{g_1}{g_3}\right)^2}-\alpha E[(t_3-t_1)] \tag{3-33}$$

把式（3－33）化简，于是可解得临界温度为

$$t_1=t_3+\frac{\sigma_3}{\alpha E}\left(1-\frac{g_1}{g_3}\right) \tag{3-34}$$

式中　t_1——临界温度,℃；

t_3——覆冰时大气温度,℃；

σ_3——覆冰无风时的导线应力，MPa；

α——导线的线膨胀系数，1/℃；

E——导线的弹性系数，N/mm^2；

g_1——导线自重比载，$N/(m \cdot mm^2)$；

g_3——导线覆冰时的垂直比载，$N/(m \cdot mm^2)$。

将计算出的临界温度 t_1 与最高温度 t_{max} 相比较，当 $t_{max}>t_1$ 时，最高气温时的弧垂 f_1 为最大弧垂；当 $t_{max}<t_1$ 时，覆冰时的弧垂 f_3 为最大弧垂。

二、临界比载法

如果最高温度时导线的弧垂与某一比载在温度 t_3 下所产生的弧垂相等，则此比载称为临界比载，用 g_1 表示。在最高温度气象条件下，比载 $g=g_1$，温度 $t=t_{max}$，应力 $\sigma=\sigma_1$，弧垂为

$$f_1=\frac{g_1l^2}{8\sigma_1}$$

在临界比载气象条件下，比载 $g=g_1$，温度 $t=t_3$（－5℃），应力 $\sigma=\sigma_1$，弧垂为

$$f_1=\frac{g_1l^2}{8\sigma_1}$$

由临界比载定义可知：$f_1=f_1$，从而可得式（3－35）：

$$\sigma_1=\sigma_1\ \frac{g_1}{g_1} \tag{3-35}$$

将最高气温和临界比载两种气象条件分别作为 m 状态和 n 状态，代入状态方程可得

$$\sigma_1\ \frac{g_1}{g_1}-\frac{Eg_1^2l^2}{24\left(\sigma_1\ \frac{g_1}{g_1}\right)^2}=\sigma_1-\frac{Eg_1^2l^2}{24(\sigma_1)^2}-\alpha E[(t_3-t_{max})] \tag{3-36}$$

由式（3－36）解出 g_1 得

$$g_1=g_1+\frac{\alpha Eg_1}{\sigma_1}(t_{max}-t_3) \tag{3-37}$$

式中　g_1——临界比载，$N/(m \cdot mm^2)$；

t_{max}——最高气温,℃；

t_3——覆冰时大气温度,℃；

g_1——导线的自重比载，$N/(m \cdot mm^2)$；

σ_1——最高气温、比载为 g_1 时的导线应力，MPa；

α、E——导线的线膨胀系数、导线的弹性系数，1/℃、N/mm²。

将计算出的临界比载 g_1 与最大垂直比载 g_3 相比较，当 $g_3 > g_1$ 时，覆冰时的弧垂 f_3 为最大垂直弧垂；当 $g_3 < g_1$ 时，最高气温时的弧垂 f_1 为最大弧垂。

三、临界应力法

设某一确定代表档距 l_0，覆冰无风时的应力为 σ_3，比载为 g_3，则弧垂

$$f_3 = \frac{g_3 l_0^2}{8\sigma_3}$$

在同一代表档距，高温时应力为 σ_1，比载为 g_1，则弧垂

$$f_1 = \frac{g_1 l_0^2}{8\sigma_3}$$

假设高温时应力为 $\sigma_1 = \sigma_1$，则有弧垂 $f_1 = f_3$，即

$$\frac{g_1 l_0^2}{8\sigma_1} = \frac{g_3 l_0^2}{8\sigma_3}$$

则 $\dfrac{g_1}{\sigma_1} = \dfrac{g_3}{\sigma_3}$ 或 $\sigma_3 = \sigma_1 \dfrac{g_3}{g_1}$。

将覆冰无风和最高气温两种气象条件代入状态方程式，得

$$\sigma_1 - \frac{E g_1^2 l^2}{24\sigma_1^2} = \sigma_3 - \frac{E g_3^2 l^2}{24\sigma_3^2} - \alpha E[(t_m - t_3)]$$

再将 $\sigma_3 = \sigma_1 \dfrac{g_3}{g_1}$ 的关系式代入并简化得

$$\sigma_1 = \sigma_1 \frac{g_3}{g_1} - \alpha E[(t_m - t_3)]$$

$$\sigma_1 = \frac{\sigma E g_1 [t_m - t_3]}{g_3 - g_1} \tag{3-38}$$

式中　σ_1——临界应力，MPa；

g_1——覆冰无风时垂直比载，N/(m·mm²)。

从式（3-38）可见，临界应力 σ_1 是唯一的，判别方法如下：

按式（3-38）计算得临界应力 σ_1 后，在导线机械特性曲线上以 σ_1 为应力坐标作 l_0 坐标轴的平行线，有 3 种可能情况，如图 3-9 所示。

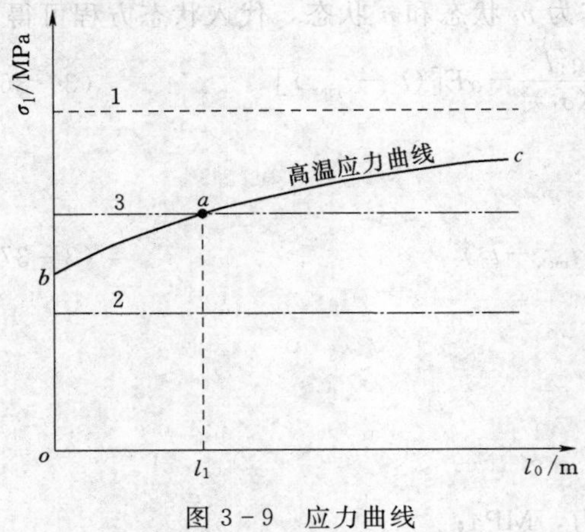

图 3-9　应力曲线

（1）最高气温时的应力曲线全部在 σ_1 线的下方（线 1），即 $\sigma_1 < \sigma_1$，则因弧垂和应力成反比，最大垂直弧垂发生在最高气温气象条件。

（2）最高气温时的应力曲线全部在 σ_1 线的上方（线 2），所以，最大垂直弧垂发生在覆冰无风气象条件。

（3）最高气温时的应力曲线与 σ_1 线相交于 a 点（线 3），则因 ba 段应力曲线在 σ_1 线下

方；ac 段应力曲线在σ_1 线上方；a 点所对应的代表档距为l_1，所以，当 $l_0<l_1$ 时，最大垂直弧垂发生在最高气温时；当 $l_0>l_1$ 时，最大垂直弧垂发生在覆冰无风时。

四、举例

【例 3 - 2】 架空线通过Ⅳ类气象区，导线为 LGJ - 120/20，设线路档距为 $l=300$m 悬挂点等高，试计算导线的最大弧垂。

解：导线比载、临界档距、控制条件及控制范围见［例 3 - 1］。

(1) 计算最高气温时的导线应力 σ_1：由于 $l=300$m，小于有效临界档距 $l_{IBD}=725.007$m，所以控制条件为年平均运行应力和年平均气温，即 $\sigma_m=76.214$MPa，$t_m=10$℃，$g_m=g_1=34.015\times10^{-3}$N/(m·mm²)。最高气温时的参数为 n 状态，$\sigma_n=\sigma_1$，$t_n=t_{max}=40$℃，$g_n=g_1=34.015\times10^{-3}$N/(m·mm²)。悬挂点等高时的状态方程为

$$\sigma_n^2(\sigma_n+A)=B$$

$$A=\frac{Eg_m^2l^2}{24\sigma_m^2}-\sigma_m+\alpha E(t_n-t_m)$$

$$B=\frac{Eg_n^2l^2}{24}$$

将已知的参数值代入公式得

$$A=\frac{76000\times(34.015\times10^{-3})^2}{24\times76.214^2}\times300^2-76.214+18.9\times10^{-6}\times76000\times(40-10)=23.648$$

$$B=\frac{76000\times(34.015\times10^{-3})}{24}\times300^2=32.975\times10^4$$

将 A、B 代入状态方程得

$$\sigma_n^2(\sigma_n+23.648)=32.975\times10^4$$

$$\sigma_n=62.036\text{MPa}$$

即最高气温时的导线应力 $\sigma_1=62.036$MPa。

(2) 计算临界比载 g_1 为

$$\begin{aligned}g_1&=g_1+\alpha E\frac{g_1}{\sigma_1}(t_{max}-t_3)\\&=34.015\times10^{-3}+\frac{18.9\times10^{-6}\times76000\times34.015\times10^{-3}}{62.036}\times[40-(-5)]\\&=69.457\times10^{-3}[\text{N/(m}\cdot\text{mm}^2)]\end{aligned}$$

由［例 3 - 1］知，最大垂直比载 $g_3=54.689\times10^{-3}$N/(m·mm²)。因为 $g_3<g_1$，所以最高气温时导线的弧垂最大。

(3) 计算导线得最大弧垂：

最大弧垂为 $f_1=\frac{g_1l^2}{8\sigma_1}$，代入各参量得

$$f_1=\frac{34.01534.015\times10^{-3}}{8\times62.036}\times300^2=6.168(\text{m})$$

小　结

(1) 导线在孤立档距中的状态方程为

$$\sigma_n-\frac{El^2g_n^2}{24\sigma_n^2}=\sigma_m-\frac{El^2g_m^2}{24\sigma_m^2}-\alpha E(t_n-t_m)$$

求解 σ_n 的常用解法有试算法、迭代法和卡尔丹一元三次方程解法。

(2) 连续档距的代表档距为

$$l_r=\sqrt{\frac{l_1^3+l_2^3+\cdots+l_n^3}{l_1+l_2+\cdots+l_n}}=\sqrt{\frac{\sum l_i^3}{\sum l_i}}$$

(3) 一般情况下，可能成为控制条件的气象条件有以下 4 种：①最低气温、无风、无冰；②最大风速、无冰、相应的气温；③最大覆冰、相应风速、－5℃；④年平均气温、无风、无冰。

(4) 规程规定，导线最低点的最大使用应力（即允许控制应力）计算方法如下：

$$\sigma_M=\frac{\sigma_p}{K}$$

在跨越档距中，按稀有气象条件和重冰区较少出现的最大覆冰情况验算时，架空线最低点的最大应力不应超过瞬时破坏应力的 60%，即此时最小安全系数不应小于 1/0.6＝1.67。

如果悬挂点高差过大，应验算悬挂点应力，它可以比导线悬链曲线最低点的应力 σ_{max} 高 10%。

导线的最大使用应力就是最大风速、最低温度和最大覆冰三种可能控制条件的控制应力。

(5) 通过计算不同控制条件下的临界档距，确定控制条件的控制范围。掌握判别控制条件的原则。

(6) 在线路设计过程中，为了设计的方便，根据需要应计算导线（或避雷线）在各种气象条件下不同档距的应力和弧垂，并把计算结果，以横坐标为档距，纵坐标为应力和弧垂绘制成各种气象条件的档距与应力、弧垂曲线，这些曲线称为导线（或避雷线）的应力弧垂曲线或称为机械特性曲线。

(7) 金属绞线不是完全弹性体，因此安装后除产生弹性伸长外，还将产生塑性伸长和蠕变伸长，综合成为塑蠕伸长。塑蠕伸长使导线、避雷线产生永久性变形，即张力消失这两部分伸长仍不消失，在工程上称为初伸长。

补偿初伸长最常用的方法有减小弧垂法和降温法。

(8) 设计杆塔高度、校验导线对地面、水面或被跨越物间的安全距离，以及按线路路径的纵断面图排定杆塔位置等，都必须计算最大弧垂。为了求得最大弧垂，直观的办法是将两种情况下的弧垂分别计算出来加以比较，即可求得最大弧垂发生在什么情况下。但为了简便起见，一般先判定出现最大弧垂的气象条件，然后计算出此气象条件下的弧垂，即为最大弧垂。判断出现最大弧垂的气象条件，可用三种方法：临界温度法、临界比载法和临界应力法。

习 题

(1) 引起导线线长变化的因素有哪些？

（2）什么称为控制气象条件？

（3）什么是导线的机械特性曲线？绘制该曲线时需要计算哪些项目？

（4）什么称为安装曲线？有何用处？

（5）什么称为观测弧垂？如何选择观测档？

（6）什么称为导线的初伸长？为什么新建线路要考虑初伸长？补偿初伸长的方法有几种？

（7）某架空线路导线采用 LGJ－240/40，通过Ⅳ气象区。

1）试计算临界档距，并确定控制条件的控制范围。（可利用第二章的结果）

2）设线路档距为 $l=300$m，悬挂点等高，试计算导线最大弧垂。

（8）设某架空线路通过第Ⅱ类典型气象区，导线为 LGJ－70/10，档距为 100m，已知 $g_1=33.9\times10^{-3}$ N/(m·mm^2)，$g_2=29.64\times10^{-3}$ N/(m·mm^2)，最高气温使导线应力 $\sigma_{40℃}=42.14$MPa，覆冰、无风时导线应力 $\sigma_{-5℃}=99.81$MPa，$\alpha=19\times10^{-6}$(1/℃)，$E=79000$N/mm^2，试用临界温度法判断最大弧垂出现的气象条件，并计算最大弧垂。

参 考 文 献

[1] 张忠亭．架空输电线路设计原理［M］．北京：中国电力出版社，2010.

[2] 周振山．高压架空送电线路机械计算［M］．北京：中国水利水电出版社，1984.

[3] 柴玉华．架空线路设计［M］．北京：中国水利水电出版社，2001.

[4] 崔军朝．电力架空线路设计与施工［M］．北京：中国水利水电出版社，2011.

[5] 孟遂民．架空输电线路设计［M］．北京：中国电力出版社，2007.

[6] 郭喜庆．架空送电线路设计原理［M］．北京：农业出版社，1993.

[7] 赵先德．架空线路基础［M］．北京：中国电力出版社，2012.

[8] 李伟斌，李儒钟．架空送电线路临界档距及其判别［J］．湖南电力，2004（2）：49－51.

[9] 刘增良．输配电线路设计［M］．北京：中国水利水电出版社，2004.

[10] 郭思顺．架空送电线路设计基础［M］．北京：中国电力出版社，2010.

第四章

架空线路的振动和防振

第一节　架空线路的振动形式及其产生原因

架空线在风和雪的作用下会发生振动，振动的形式主要有高频微幅的微风振动、中频中幅的次档距振动、低频大幅的舞动、脱冰跳跃型振动和受风摆动型振动。由电磁力引起的振动可分为短路电流引起的导线振动以及电晕引起的振动。

一、微风振动

架空线受到微风（1～3 级）吹拂时，会产生周期性振动，称为微风振动，也称为风激振动。微风振动振幅小，最大双振幅一般不大于导线直径的 2～3 倍；频率高，通常为 5～120Hz；持续时间长，一般为数小时，有时可达几天。

稳定均匀的微风沿架空线横向吹来时，可能在架空线背风面的下部或上部交替的出现“旋涡”，从而对架空线产生一个上、下交替的冲击力。

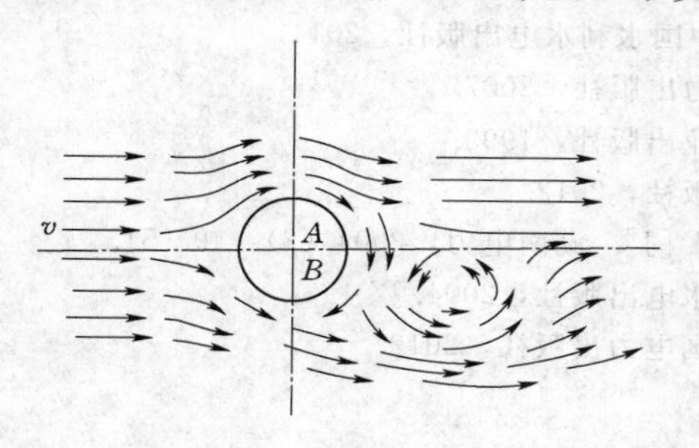

图 4-1　架空线背风面的下部有“涡流”存在的气流流线图

图 4-1 为在架空线背风面的下部有“涡流”存在的气流流线图。在架空线圆柱上表面部分的 A 点，其风速大于下部的 B 点。这样便沿铅锤方向对架空线形成了向上的冲击力。如果“涡流”在背风面的上部，则对架空线产生的冲击力改变方向。在上、下交替冲击力的作用下，架空线会产生上、下振动。卡尔曼（Karman）和司托罗哈（Strouhal）最早研究了这种现象后发现，当出现振动时，旋涡有比较稳定的频率 f_s，其计算式为

$$f_s = S\frac{v}{d} \tag{4-1}$$

式中　f_s——卡门旋涡频率或冲击频率，Hz；

v——气流或者风速，m/s；

d——架空线直径，mm；

S——司托罗哈常数，S=185～200，一般 S 取 200。

当固有频率为 f_0 的架空线上作用横向均匀风速时，如果卡门旋涡频率 f_s 与架空线的固有频率 f_0 接近时，便会引起谐振，使架空线产生微风振动。微风振动引起架空线疲劳断股、断线、金具磨损和杆塔部件破坏等，因此，必须采取防振措施。

二、舞动

舞动为频率很低（0.1～3Hz）而振幅很大（几米至十几米）的振动。舞动时全档架空线作定向的波浪式运动，且兼有摆动。架空线某一点的舞动轨迹近似为垂直长轴方向的椭圆，如图 4-2 所示。由于舞动的振幅大、有摆动、一次持续几小时，因此容易引起相间闪络，造成线路跳闸停电或引起烧伤导线等事故。

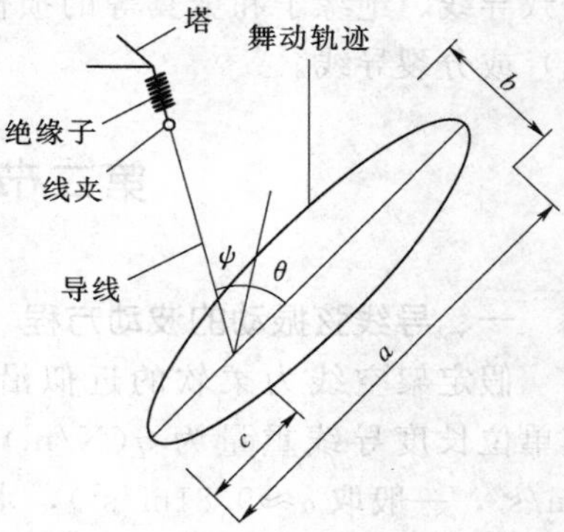

舞动很少发生，它主要发生在架空线覆冰且有大风的地区。当导线的覆冰厚度达 3mm 以上、气温在 0℃左右，如遇大风则容易发生舞动。在线路方面较易引起舞动的因素是：导线截面大（直径大于 40mm）、分裂导线的根数较多、导线离地面较高等。

图 4-2　架空线某点的理论舞动轨迹

三、次档距振动

次档距振动是指发生在超高压输电线路分裂导线相邻间隔棒之间次导线的振动。由于该振动的频率很低，故一般称为“振荡”。次档距振荡在线路中较少出现，其振荡频率为1～5Hz，振幅为架空线直径的 4～20 倍，介于舞动和微风振动之间。当风速为 3～22m/s、风向角（风向与架空线中心线水平夹角）在 45°以内，次档距振荡有可能发生，与导线是否覆冰无关。

次档距振荡会造成分裂导线相互碰撞和鞭击，因而损伤导线和间隔棒，甚至损坏金具而使导线落地。

四、脱冰跳跃性振动

覆冰后架空线所受的外载荷会增大，从而产生弹性拉伸，使弧垂变大。在气温升高、自然风力作用或人为振动敲击之下会产生不均匀脱冰或不同期脱冰，从而导致架空线的上下跳跃，形成振动。脱冰跳跃很容易使上、下层导线之间的安全距离变小，发生闪络或短路，烧伤导线，并使导线跳闸等。减少或避免发生此类事故需要保证覆冰区导线在垂线方向上保持足够的距离。

五、受风摆动型振动

导线在稳定横向风的作用下会产生一定的风偏角。随着风速变化，导线会在该风偏角附近来回摆动，形成振动。受风摆动型振动多发生在山谷或水坝口等风力集中的地方，但极少发生。一旦发生此类型振动，首先造成相间短路，其次是绝缘子和金具等的损坏。所以在选择线路路径时，应该避开风力集中地段或增大线间距离。

六、短路电流引起的导线振动

此类型的振动仅发生在分裂导线上。在线路短路时，会产生电磁吸引力，使同相的子导线相互吸引，而切断电流后，导线又在自重和拉力作用下做相反方向的运动，从而在每个次档距内产生振动。其后果是造成间隔棒和导线的碰击损害。因此，缩短间隔棒的间距和增加间隔棒的强度，是抑制短路振动的有效措施。

七、电晕引起的振动

在电位梯度超过 2kV/mm，且处于潮湿地区的高压线路中，导线会发生电晕放电，导致气流产生动力作用，形成电晕振动。电晕振动的振幅通常在1m以下，频率很低，可导致导线、绝缘子和金具等的损伤。防止电晕振动的措施是采用较粗的导线（如扩径导线）或分裂导线。

第二节　微风振动的基本理论

一、导线弦振动的波动方程

假定架空线为柔软的近似沿直线张紧的细弦，其单位长度导线重量为 q(N/m)，重力加速度为 α (m/s^2，一般取 $\alpha\approx9.81$m/s^2)，水平张力为 T_0(N)，把弦上任一点的运动看成小弧度 ds 的运动，ds 段导线的受力如图 4-3 所示。根据受力特点，由牛顿第二定律可以得出

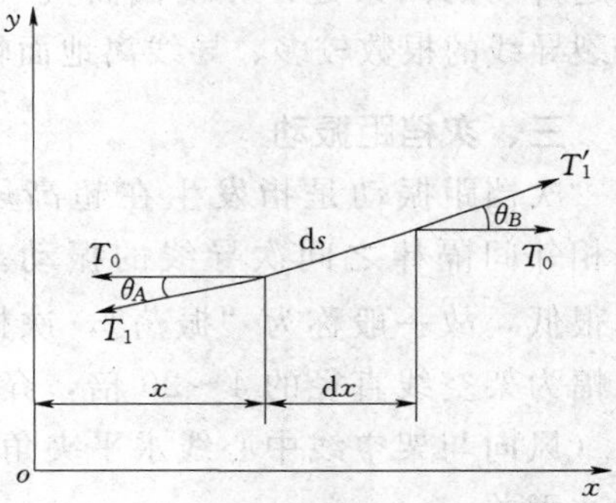

$$T_0\tan\theta_B-T_0\tan\theta_A-q\mathrm{d}s=\frac{q\mathrm{d}s}{\alpha}\frac{\partial^2 y(x,t)}{\partial t^2}$$

$$T_0\left[\frac{\partial y(x+\mathrm{d}x,t)}{\partial x}-\frac{\partial y(x,t)}{\partial x}\right]-q\mathrm{d}x=\frac{qdx}{\alpha}\frac{\partial^2 y(x,t)}{\partial t^2}$$

图 4-3　ds 段导线的受力

式中　$\frac{\partial^2 y(x,t)}{\partial t^2}$——架空线上任一点在 y 方向运动的加速度。

等式左边方括号内的量是由于变量 x 产生 dx 的变化所引起的 $\frac{\partial y(x,t)}{\partial x}$ 的增量，可用微分近似来代替，即

$$\frac{\partial y(x+\mathrm{d}x,t)}{\partial x}-\frac{\partial y(x,t)}{\partial x}=\frac{\partial}{\partial x}\left[\frac{\partial y(x,t)}{\partial x}\right]\mathrm{d}x=\frac{\partial^2 y(x,t)}{\partial x^2}\mathrm{d}x$$

于是

$$T_0\frac{\partial^2 y(x,t)}{\partial x^2}\mathrm{d}x-q\mathrm{d}x=\frac{q}{\alpha}\frac{\partial^2 y(x,t)}{\partial t^2}\mathrm{d}x$$

$$\frac{\alpha T}{q}\frac{\partial^2 y(x,t)}{\partial x^2}=\alpha+\frac{\partial^2 y(x,t)}{\partial t^2}$$

在张力较大时，弦振动的加速度比重力加速度 $\alpha=9.81$ 大得多，等式右边第一项可以忽略不计，最后得到弦振动的微分方程，即一维波动方程，如式（4-2）所示。

$$\frac{\partial^2 y(x,t)}{\partial x^2}=\frac{1}{v^2}\frac{\partial^2 y(x,t)}{\partial t^2}\tag{4-2}$$

$$v=\sqrt{\frac{\alpha T_0}{q}}=\sqrt{\frac{9.81T_0}{q}}\tag{4-3}$$

式中　v——振动波沿导线传播的速度，m/s。

二、导线的自由振动方程、振动波长和频率

通常认为，在导线振动过程中，其悬挂点固定不动。所以导线的自由振动类似于有界弦振动。

假定架空线路一档线长为 L，坐标原点选在档距左端悬挂点，则导线振动的边界条件为

当 $x=0$ 时，　　$y(0,t)=0$

当 $x=L$ 时，　　$y(L,t)=0$

解方程式（4-2）还需要知道初始条件，一般应给出在 $t=0$ 瞬间弦振动的初始位移和初速度。假定初始位移为 $y(x,t)|_{t=0}=\varphi(x)=0$，初速度 $\frac{\partial y}{\partial t}|_{t=0}=\psi(x)$。这样的假定，考虑到主要是为了了解振动的波长、频率、振幅等振动规律。假设在 $t=0$ 时开始振动，只影响解答中导线振动的初相位。

归结为解下列方程

$$\left.\begin{aligned} &\frac{\partial^2 y(x,t)}{\partial x^2}=\frac{1}{v^2}\frac{\partial^2 y(x,t)}{\partial t^2} && (0<x<L,t>0)\\ &y(0,t)=0 && [y(L,t)=0]\\ &y(x,t)|_{t=0}=\varphi(x)=0 && \left[\frac{\partial y}{\partial t}|_{t=0}=\psi(x)\right] \end{aligned}\right\} \tag{4-4}$$

用分离变量法解决这个问题，求式（4-2）的分离变量形式 $y(x,t)=X(x)T(t)$ 的非零解，并满足式（4-4）的齐次边界条件。式中 $X(x)$、$T(t)$ 分别表示仅与 x 有关及仅与 t 有关的待定函数。

把 $\frac{\partial^2 y}{\partial x^2}=\frac{d^2 X}{dx^2}T$ 和 $\frac{\partial^2 y}{\partial t^2}=\frac{d^2 T}{dt^2}X$ 代入式（4-2）得

$$\frac{1}{v^2}\frac{d^2 T}{dt^2}X=\frac{d^2 X}{dx^2}T$$

$$\frac{1}{X}\frac{d^2 X}{dx^2}=\frac{1}{v^2 T}\frac{d^2 T}{dt^2}$$

该式左端与时间 t 无关，右端与位置 x 无关，因此必等于同一常数。令此常数为 $-\beta^2$，则

$$\frac{1}{X}\frac{d^2 X}{dx^2}=\frac{1}{v^2 T}\frac{d^2 T}{dt^2}=-\beta^2$$

于是

$$\frac{d^2 X}{dx^2}+\beta^2 X=0 \tag{4-5}$$

$$\frac{d^2 T}{dt^2}+\beta^2 v^2 T=0 \tag{4-6}$$

利用式（4-4）中的边界条件，可以得到

$$y(0,t)=X(0)T(t)=0$$

$$y(L,t)=X(L)T(t)=0$$

由于 $T(t)\neq 0$ [如果 $T(t)=0$，得到零解，非问题所求]，所以

$$X(0)=X(L)=0 \tag{4-7}$$

当β为非零的实数时，$\beta^2>0$，此时式（4-5）的通解为

$$X(x)=A\cos(\beta x)+B\sin(\beta x) \tag{4-8}$$

将边界条件式（4-7）代入式（4-8），得

$$A=0$$
$$B\sin(\beta L)=0$$

由于$\beta\neq0$（否则，y也仅有零解），所以

$$\sin(\beta L)=0$$

$$\beta=\frac{n\pi}{L}\ (n=1,2,3,\cdots) \tag{4-9}$$

将A和B代入式（4-8）得

$$X_n(x)=B_n\sin\left(\frac{n\pi}{L}x\right)\quad(n=1,2,3,\cdots) \tag{4-10}$$

下面求$T(t)$。把式（4-9）中的β值代入式（4-6）中，得

$$\frac{\mathrm{d}^2T_n}{\mathrm{d}t^2}+\frac{v^2n^2\pi^2}{L^2}T_n=0$$

其通解为

$$T_n(t)=M_n\cos\left(\frac{vn\pi}{L}t\right)+N_n\sin\left(\frac{vn\pi}{L}t\right)\quad(n=1,2,3,\cdots) \tag{4-11}$$

根据给定的初始条件

$$y(x,t)|_{t=0}=0$$

可以得到

$$y(x,t)|_{t=0}=X(x)T(t)|_{t=0}=0$$

由于$X(x)\neq0$，所以$T(t)|_{t=0}=0$。因此，可以定出常数$M_n=0$。则

$$\begin{aligned}y(x,t)&=X(x)T(t)=B_n\sin\left(\frac{n\pi}{L}x\right)N_n\sin\left(\frac{vn\pi}{L}t\right)\\&=A_0\sin\left(\frac{n\pi}{L}x\right)\sin\left(\frac{vn\pi}{L}t\right)\\&=A_0\sin\left(\frac{2\pi x}{\lambda}\right)\sin(2\pi f_d t)\end{aligned} \tag{4-12}$$

式中　$y(x,t)$——某一振动频率下（n为某一正整数），导线上任一点在t瞬时离开其平衡位置的位移，m；

A_0——某一频率f_d下波腹点的最大振幅，m；

f_d——导线自由振动的频率，Hz。

式（4-12）为导线作弦振动的自由振动方程式。由式（4-12）可知，振动波的波长λ为

$$\lambda=\frac{2L}{n} \tag{4-13}$$

自由振动频率f_d为

$$f_d=\frac{vn\pi}{L}\frac{1}{2\pi}=\frac{nv}{2L}=\frac{v}{\lambda}=\frac{1}{\lambda}\sqrt{\frac{9.81T_0}{q}} \tag{4-14}$$

式中 v——波的传播速度，m/s；

L——一档线长，m；

n——档内半波长的数目。

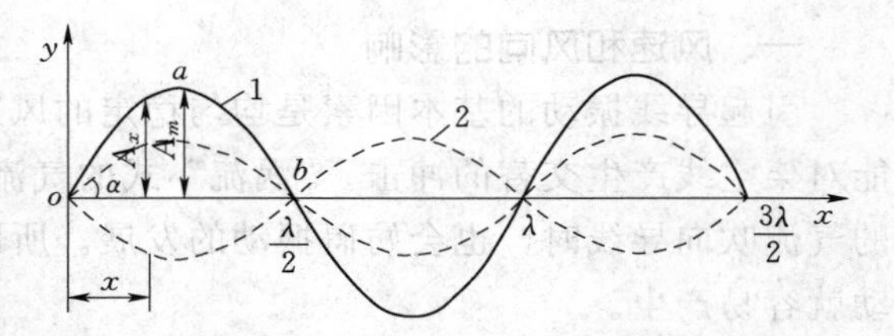

图 4-4 某一频率时架空线路振动波形图

1—最大振幅时沿档距的波形；

2—非最大振幅时沿档距的波形

架空线的振动是沿整档导线呈驻波分布，即架空线离开平衡位置的位移大小无论在时间上还是沿档距长度上都是按正弦规律变化。同时在同一频率下，波腹点 a（最大振幅）及波节点 b 在导线上的位置恒定不变。图 4-4 为某一频率时架空线路振动波形图。o 为波节点，导线离开平衡位置 ox 轴的距离 A_x 称为振幅，位移中最大者 A_m 称为最大振幅。

三、导线的谐振

导线在铅直方向受到外力作用时才会产生振动。在一般情况下，由于振动时受到阻力，振动为衰减阻动。如果在铅垂方向导线承受按周期交替变化的外力，且外力交替变化的频率和导线的某一自振频率相同时，导线则在该频率下产生谐振。可见，在线路工程中架空线受风的作用引起风激振动就是谐振，只要平稳风速对导线持续作用，谐振便会持续产生。

导线谐振的条件是导线所受风冲击频率 f_s 和导线某一自振频率 f_d 相等，即

$$f_s=f_d \tag{4-15}$$

因而式（4-1）和式（4-14）相等，得到

$$S\frac{v}{d}=\frac{1}{\lambda}\sqrt{\frac{9.81T_0}{q}} \tag{4-16}$$

于是有

$$\lambda=\frac{d}{Sv}\sqrt{\frac{9.81T_0}{q}}$$

半波长度为

$$\frac{\lambda}{2}=\frac{d}{2Sv}\sqrt{\frac{9.81T_0}{q}} \tag{4-17}$$

若取 $S=200$，则有半波长为

$$\frac{\lambda}{2}=\frac{d}{400v}\sqrt{\frac{9.81T_0}{q}} \tag{4-18}$$

式中 d—导线直径，mm；

v—发生谐振时的风速，m/s；

T_0—架空线的张力，N；

q—架空线单位长度的重力，N/m。

第三节 影响微风振动的主要因素

影响架空线振动的因素主要有风速和风向、地形和地物、架空线使用张力、架空线的结构和材料、档距长度和悬挂高度等。

一、风速和风向的影响

引起导线振动的基本因素是均匀稳定的风速。只有当平稳均匀的气流吹向导线时，才能对架空线产生交替的冲击。“涡流”式的气流吹向导线时，交替冲击被破坏；“紊流”式的气流吹向导线时，也会妨碍振动的发展。所以，凡是有利于形成稳定均匀的气流时，振动就容易产生。

架空线振动的产生及其持续需要一定的能量，这些能量由风作用于架空线上获得。当风速较小时，风传给导线的能量很小，一般不会引起架空线振动，因此，引起架空线振动有下限风速，约为0.5m/s。当风速较大时，由于气流和地面间摩擦加剧，使地面以上一定高度范围内风速均匀性受到破坏，致使架空线振动减弱甚至停止，所以架空线振动有上限风速。振动风速的上限值和架空线悬挂高度有关，也和档距有关。表4-1为引起导线振动的风速范围。

表4-1　引起导线振动的风速范围

档　距/m	悬挂点高度/m	风速范围/(m/s)	
		下限	上限
150～250	12	0.5	4.0
300～450	25	0.5	5.0
500～700	40	0.5	6.0
700～1000	70	0.5	8.0

架空线振动的稳定性也与风向有关。当风向与架空线的夹角为45°～90°时，在微风振动风速范围内，会产生稳定的振动。当夹角为30°～45°时，振动的时间较短，且时有时无，稳定性较小。在夹角小于20°时，由于风输入的能量不足，一般不发生振动。

二、地形和地物的影响

风速的均匀性与方向的恒定性是保持架空线持续振动的必要条件。平稳开阔地带地面粗糙度小，对气流的扰乱作用小，易形成平稳均匀的气流，所以平原、沼泽、漫岗、横跨河、湖水域和平坦风道等处为易振地带。而高山树林和建筑物做屏障的地区，地面粗糙度大，近地面的均匀气流易受到破坏，属于不易起振的地区。

三、架空线张力的影响

由式（4-14）可知，张力T_0增大，频率也就增高，单位时间内振动的次数多了。如果以耐振次数衡量架空线疲劳极限，则其疲劳寿命短了，这对线路长期运行是不利的。

架空线应力是影响架空线振动烈度的关键因素。静态应力包括架空线张拉应力、线股绞制后产生的残余应力、架空线弯曲所产生的弯曲应力等。静态张力越大，振动的频带宽度越宽，越容易产生振动。当架空线振动时，相当于一个动态张力叠加在架空线的静态张力上，而架空线的最大允许张力是一定的。由此可见，静态张力越大，振动越厉害，动态张力越大，对线路的危害越严重。而且，随着静态张力的增大，导线本身对振动的阻尼作用显著降低，更加重了振动的烈度，更易使导线疲劳，引起断股断线事故。

因此，在架空线防振时，对架空线长期运行中最有代表性的运行应力——平均运行应力（即平均气温下的应力），应有所限制。规程规定的架空线路平均运行应力的上限和相应的防振措施见表4－2。

表4－2　　架空线路平均运行应力的上限和相应的防振措施

情　况	防振措施	年平均运行张力上限（瞬时破坏张力）/%	
		钢芯铝绞线	钢绞线
档距不超过500m的开阔地区	不需要	16	12
档距不超过500m的非开阔地区	不需要	18	18
档距不超过120m	不需要	18	18
不论档距大小	护线条	22	—
不论档距大小	防振锤（阻尼线）或另加护线条	25	25

四、架空线结构和材料的影响

当架空线是一个圆形截面的柱体时，气流在其背面形成上、下交替的卡门旋涡，引起振动。架空线的表面愈光滑，愈易发生微风振动。振动的产生还与架空线直径有关系。直径越小，疲劳断股的比例越高。在同样截面积下，股线直径越小，股数必然越多。架空线的股数多和层数多，有较高的阻尼作用，能消耗更多的能量，使之不易振动或降低振动强度。

架空线所用材料的重量越小，其振动越严重。这是由于风速相同时，输入两个相同直径的圆柱体的能量相同，质量小的获得的加速度大，振幅必然要大些。

架空线材料的疲劳极限并不按其破坏强度的增大成比例的增大，两者的比值反而随破坏强度的提高而下降。如高强度钢丝的疲劳极限等于破坏强度的28%，而特高强度钢丝的疲劳极限等于破坏强度24%。因而在工程中，用相同的平均运行应力安全系数，从振动方面看并不具有同等的安全性。

五、档距长度和悬挂高度的影响

一般认为，风输给架空线的能量与档距长度成正比，即档距越大，风输入的能量越大。同时，档距越大，由式（4－14）可知，能满足半波数为整倍数的振动频率数也愈密集，与式（4－1）的风力冲击频率相接近而建立稳定振动的机会就愈多，振动的持续时间也自然会增加。

此外，档距越大，架空线离地愈高，气流的均匀性受地面粗糙度的干扰影响愈小，可致振动的风速范围将加大，使得架空线发生振动的几率增加，同时也使振频和振幅加大。

第四节　微风振动强度的表示方法

微风振动的强弱可用振动角和动弯应变来表示。

一、振动角

架空线产生稳定的微风振动时，波峰（波腹）和节点的位置不变。架空线振动波的波节点处，其对中心平衡位置的夹角，称为振动角，可用节点处的振动波斜率表示。因此，评价线夹出口处导线振动弯曲程度时，以线夹出口处的振动角来表示更为直观，如图 4-5 所示。

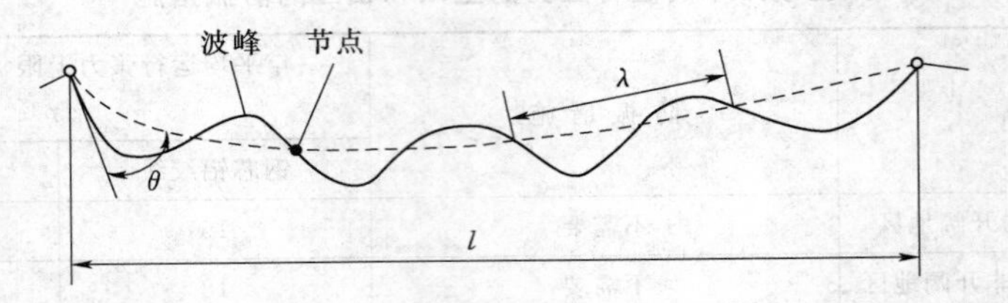

图 4-5　架空线微风振动的驻波

架空线上线夹出口附近任一点 x 处的振动方程，根据架空线的固有角频率 $\omega=2\pi f$，式（4-12）可写为

$$y=A_0\sin\left(\frac{2\pi x}{\lambda}\right)\sin(\omega t) \tag{4-19}$$

式中　A_0——最大振幅，即半波中点的位移，m；

λ——振动波的波长，m；

x——距线夹出口处的距离，m；

ω——振动波的角频率，Hz。

其斜率即为振动角的正切

$$\tan\theta=\frac{\partial y}{\partial x}=\frac{2\pi A_0}{\lambda}\cos\left(\frac{2\pi x}{\lambda}\right)\sin(\omega t)$$

在线夹出口处 $x=0$，所以

$$\tan\theta=\frac{2\pi A_0}{\lambda}\sin(\omega t) \tag{4-20}$$

从式（4-20）可以看出，架空线振动角和时间 t 有关，在 $\sin(\omega t)=1$ 时有最大值

$$\theta_m=\arctan\frac{2\pi A_0}{\lambda} \tag{4-21}$$

式（4-21）决定的振动角 θ_m 表示了振动的严重情况，可作为振动强度的表征参数。显然，θ_m 越大，架空线在线夹出口处的弯曲程度越严重，弯曲动应力也越大，架空线也就越容易产生断股。当不采用防振措施时，实际工程中，架空线的振动角一般为 $25'$～$35'$。当振动特别强烈接近 $1°$ 时，这样大的振动角，不需要很长时间就会发生断股。因此，一般架空线均需采用防振措施。在架空线紧线后尽快安装防振装置，以使架空线的振动角减小到允许范围之内。

架空线的允许振动角见表 4-3，是依据运行经验和试验确定的。

表 4-3　　架空线的允许振动角（大跨越除外）

平均运行张力（抗拉强度）/%	允许振动角/(′)	平均运行张力（抗拉强度）/%	允许振动角/(′)
≤25	10	>25	5

二、动弯应变

动弯应力和动弯应变成正比，因而动弯应变比振动角更能直接反映出架空线弯曲动应力的大小。

架空线悬挂点及各种线夹处是振动疲劳损坏最危险的部位，但此处架空线所受的动弯应力大小要想通过计算或测量获得都是困难的。一般都是测量该处附近的振动弯曲幅值，间接地求出振动角或动弯应变来表示振动强弱。国际上多以测量线夹出口 89mm 处架空线相对于线夹的振动弯曲幅值 A_{89}（峰对峰值），间接计算出线夹出口处的振动角 θ 或动弯应变 μ_ε 来衡量振动的强度是否免于振动疲劳断股。

我国导线微风振动许用动弯应变没有统一标准，结合国内外情况，参照电力建设研究所企业标准，提出各种导线的微风振动许用动弯应变值，供设计人员参考。悬垂线夹、间隔棒、防振锤等处架空线微风振动的动弯应变宜不大于表 4－4 所列值。

表 4－4　　架空线的微风振动许用动弯应变（μ_ε）

序号	导　线　类　型	大跨越	普通档
1	钢芯铝绞线、铝包钢芯铝绞线	±100	±150
2	铝包钢绞线（导线）	±100	±150
3	铝包钢绞线（地线）	±150	±200
4	钢芯铝合金绞线	±120	±150
5	全铝合金绞线	±120	±150
6	镀锌钢绞线	±200	±300
7	OPGW（全铝合金线）	±120	±150
8	OPGW（铝合金与铝包钢混绞）	±120	±150
9	OPGW（全铝包钢线）	±150	±200

第五节　导线振动与舞动防护措施

导线振动和舞动是威胁输电线路安全运行的重要因素。振动和舞动产生的危害是多方面的，诸如跳闸、导线电弧烧伤、金具损坏、导线断股、断线、倒塔等。振动和舞动会造成重大的经济损失和社会影响，因此，需要采用适当的防振动和防舞动的措施，保证线路安全运行。

一、导线的防振

1. 导线的防振措施

根据引起振动的原因及其影响因素和导线振动的破坏机理，防振措施可从两方面着手，一是防止和减弱振动；二是增强导线耐振强度。

（1）防止和减弱振动的措施。

1）从根本上消除引起振动的条件。如线路路径避开易振区，年平均运行张力降低到不易发生振动的程度等。但这些措施在实际工程中往往不易实现，或者即使可行，也会大大地增加线路投资。

2）利用线路设备本身对导线的阻尼作用，以减小导线的振动。如采用柔性横担、偏心导线、防振线夹等。

3）在导线上加装防振装置以吸收或减弱振动能量，消除导线振动对线路的危害。国内广泛采用的防振装置是防振锤和阻尼线，而且防振锤和阻尼线具有互补性，因而国内外大跨越架空线多采用防振锤与阻尼线联合防振方案，以充分发挥它们各自的优点。

（2）加强导线耐振强度。

1）在线夹处给导线加装护线条或打背线，以增加线夹出口附近导线的刚性和耐振强度，减少出口处导线的弯曲应力和挤压应力，减少磨损。护线条或打背线对消耗导线的振动能量、减弱振动也有一定作用。钢芯铝绞线常用的护线条型式有锥形护线条和预绞丝护线条；打背线是用一段与导线材料相同的线材同导线一起安装于线夹中，并在其两端与导线扎固在一起。护线条应按导线型号选用相应的型号，打背线不能在线夹出口处与背线端部之间进行扎固，否则将在护线条或背线端部形成新的波节点，引起该处导线断股、断线。护线条和打背线的示意图如图 4-6 所示。

图 4-6　护线条和打背线的示意图

（a）护线条；（b）打背线

2）改善线夹的耐振性能，如要求线夹能随着导线的上下振动而灵活转动，减小导线在线夹出口处的弯曲应力。同时也可使相邻档的振动互相干扰，从而减弱振动。

3）在技术、经济条件许可的情况下，尽可能降低导线的静态张力，使导线的自振频带变窄，并使导线阻尼作用加强，削弱导线振动强度。

2. 防振锤的计算

防振锤结构示意图如图 4-7 所示。它是由一段钢绞线把两个重锤连接在一起构成的，钢绞线中部装有一个夹子，用以把防振锤固定在导线上。当导线振动时，重锤因惯性不断

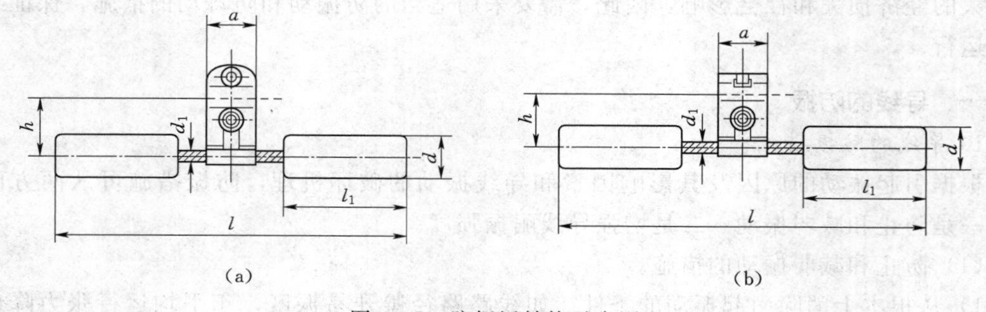

图 4-7　防振锤结构示意图

（a）双螺栓式；（b）绞扣式

上、下甩动，使钢绞线上、下弯曲，造成钢绞线股间及绞线内部分子间的摩擦而消耗一部分能量，使导线的振动在较小的振幅下达到能量平衡，从而限制导线振动的振幅，削弱导线振动强度。

防振锤的计算主要解决两个问题：一是选择防振锤的重量、型号和个数；二是计算防振锤的安装位置。

（1）防振锤型号、重量和个数的选择。在选择防振锤型号时，首先应考虑防振锤的固有自振频率，应和导线可能发生的振动频率范围相适应。当导线振动时，引起防振锤共振，使两个重锤有较大的甩动，可以有效地消耗导线的振动能量；其次，防振锤的重量要适当，太轻则消振效果差，太重则可能在防振锤安装位置形成新的波节点，对防振不利。另外，还要考虑选择与导（地）线相应匹配的型号。防振锤的选择一般可按表4－5进行。

表4－5　防振锤型号及适用导线

防振锤型号	适用导线和避雷线型号	钢绞线规格	总质量/kg
FD－1	LGJ－35～50	7/2.6	1.5
FD－2	LGJ－70～95	7/3.0	2.4
FD－3	LGJ－120～150	19/2.2	4.5
FD－4	LGJ－185～240	19/2.2	5.6
FD－5	LGJ－300～400 LGJQ－300～400	19/2.6	7.2
FD－6	LGJQ－500～630	19/2.6	8.6
FG－35	GJ－35	7/3.0	1.8
FG－50	GJ－50	7/3.0	2.4
FG－70	GJ－70	19/2.2	4.2
FG－100	GJ－100	19/2.2	3.9

当架空线的振幅很小或振动持续时间很短，对架空线没有危险时，不需要安装防振锤。随着档距的增大和平均运行应力上限的提高，振动会随之加重，一般在档距两端各安装一个防振锤。对300m以上的较大档距，由于风传输给导线的能量较大，有时一端装一个防振锤不足以将振动振幅降低到规定的程度，需要装多个（一般1～3个）防振锤。对于大跨越，有时甚至安装6～7个防振锤。我国单根导（地）线的防振锤安装数量见表4－6。

表4－6　我国单根导（地）线的防振锤安装数量

架空线直径/mm \ 档距范围/m \ 防振锤个数	1个	2个	3个
$d<12$	≤300	>300～600	>600～900
$12\leqslant d\leqslant 22$	≤350	>350～700	>700～1000
$22<d<37.1$	≤450	>450～800	>800～1200

（2）防振锤的安装位置。防振锤的安装位置是指它距离线夹的距离，一般称为安装距离。对悬垂线夹来说，指悬垂线夹中心线到防振锤夹板中心线间的距离，如图 4－8（a）所示。对于压接式或轻型螺栓式耐张线夹来说，指线夹连接螺栓孔中心到防振锤夹板中心线的距离，如图 4－8（b）所示。对于螺栓式耐张线夹（一般认为是重型线夹）来说，由于耐张线夹本身很重，可以认为线夹不振动，因而线夹出口处即为导线振动的波节点，所以重型耐张线夹出口处到防振锤夹板中心线间的距离即为安装距离，如图 4－8（c）所示。

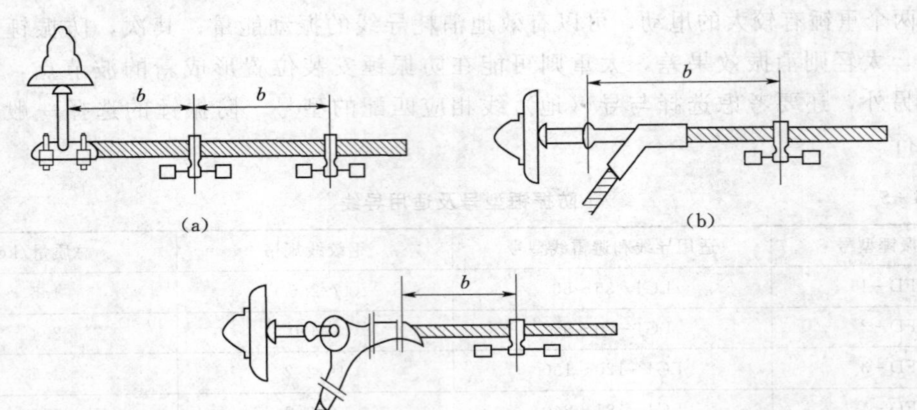

图 4－8 防振锤的安装距离

（a）悬垂线夹；（b）压接式或轻型螺栓式耐张线夹；（c）螺栓式耐张线夹

1）一个防振锤的安装距离。为了有效地消耗导线振动的能量，安装一个防振锤时最合适的位置应在线夹出口第一个半波内，因为架空线的悬挂点对任何波长的波都是固定不变的波节点，装在第一个半波内能照顾到对不同波长的波的防振作用，且悬挂点处受振最严重，加之悬挂点应力最大，材料最容易疲劳，装在此处对悬点防振效果最好。

为照顾不同风速下半波长的不同，应使防振锤在最大和最小半波长内有相同的布置条件，即安装点处在最大和最小半波长时有相同的相角正弦绝对值，即

$$|\sin\theta_{\max}|=|\sin\theta_{\min}| \tag{4-22}$$

式中 $\theta_{\max}$——最大半波长时安装点所对应的相位角，$\theta_{\max}<90°$；

$\theta_{\min}$——最小半波长时安装点所对应的相位角，$\theta_{\min}>90°$。

式（4－22）表明，在最大振动波长和最小波长情况下，防振锤安装点对两种情况的波腹点都有相同的接近程度，而对其他振动频率，上述安装点对波腹点的接近成度比两种极端情况会更好。

根据式（4－18）分别求出导线振动的最大及最小半波长

$$\begin{aligned}\frac{\lambda_{\max}}{2}&=\frac{d}{400v_{\min}}\sqrt{\frac{9.81T_{0\max}}{q}}\\&=\frac{d}{400v_{\min}}\sqrt{\frac{9.81\sigma_{\max}}{g_1}}\end{aligned} \tag{4-23}$$

$$\frac{\lambda_{min}}{2}=\frac{d}{400v_{max}}\sqrt{\frac{9.81T_{0min}}{q}}$$
$$=\frac{d}{400v_{max}}\sqrt{\frac{9.81\sigma_{min}}{g_1}} \tag{4-24}$$

式中 λ_{max}、λ_{min}——导线振动最大和最小半波长，m；

d——导线直径，m；

σ_{max}、σ_{min}——最低气温、最高气温时导线应力，MPa；

v_{min}——导线起振最小风速，$v_{min}=0.5$m/s；

v_{max}——导线振动的上限风速，m/s；

g_1——导线自重比载，N/(m·mm²)；

T_{0max}、T_{0min}——最低温、最高温时导线张力，N。

根据式（4-21）的原则，参考图4-9，不难得出防振锤安装距离 b 的计算公式。

$$\theta_{max}=\frac{b}{\lambda_{max}}2\pi \tag{4-25}$$

$$\theta_{min}=\frac{b}{\lambda_{min}}2\pi \tag{4-26}$$

$$\theta_{max}=\pi-\theta_{min} \tag{4-27}$$

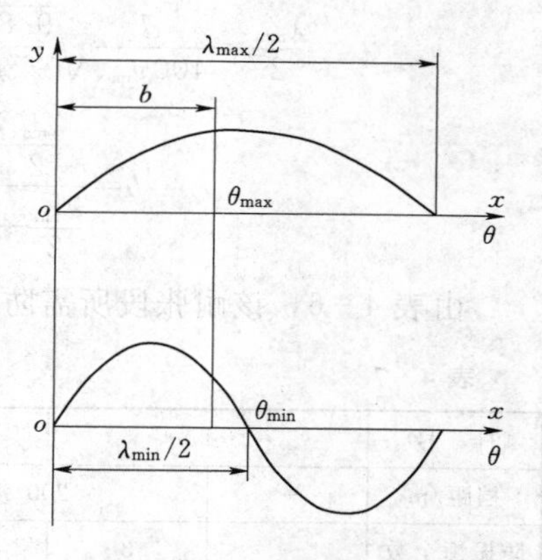

图4-9 防振锤安装位置

把式（4-25）和式（4-26）代入式（4-27）得

$$\pi-\frac{2b\pi}{\lambda_{min}}=\frac{2b\pi}{\lambda_{max}}$$

整理后得

$$b=\frac{\frac{1}{2}\lambda_{max}\lambda_{min}}{\lambda_{max}+\lambda_{min}}=\frac{\frac{\lambda_{max}}{2}\frac{\lambda_{min}}{2}}{\frac{\lambda_{max}}{2}+\frac{\lambda_{min}}{2}} \tag{4-28}$$

式中 $\frac{\lambda_{max}}{2}$、$\frac{\lambda_{min}}{2}$——导线振动半波长的上、下限，m。

2）多个防振锤的安装距离。当风的输入能量很大使架空线振动强烈时，需要装多个防振锤（表4-6）。多个防振锤的安装通常有等距离和不等距离两种安装方法。

a. 等距离安装：是指第一个防振锤的安装距离 b 用式（4-28）计算，第二个为 $2b$，第三个为 $3b$，…第二个或者第三个防振锤可能位于某些波的波节点，不会产生上、下甩动，但仍有回转甩动，也能起到一定的减振作用。

b. 不等距安装：当安装两个防振锤时，第一个防振锤的安装距离为 $S_1\approx1.05\frac{\lambda_{min}}{2}$（m），第二个防振锤的安装距离为 $S_2\approx1.8\frac{\lambda_{min}}{2}$(m)。当安装两个以上防振锤时，安装距离为

$$S_i=\frac{\left[\frac{\lambda_{max}}{2}\Big/\frac{\lambda_{min}}{2}\right]^{\frac{i}{n}}}{1+\left[\frac{\lambda_{max}}{2}\Big/\frac{\lambda_{min}}{2}\right]^{\frac{1}{n}}}\frac{\lambda_{min}}{2} \tag{4-29}$$

式中　n——安装的防振锤个数；

　　i——防振锤序号，$i=1,2,3,\cdots,n$；

　　S_i——第 i 个防振锤安装距离。

【例 4-1】 某架空输电线路中，有一耐张段各档档距分别为 200m、360m、273m，导线为 LGJ-300/40 型，导线直径为 23.94mm，自重比载 $g_1=32.777\times10^{-3}$N/(m·mm^2)，代表档距 $l_r=300$m，已知导线最高气温时应力为 52N/mm^2，最低气温时的应力为 77.6N/mm^2。试选防振锤型号、安装距离并统计该耐张段所需防振锤的个数。

解： 由表 4-5，选用 FD-5 型防振锤。

由表 4-1 查得振动风速上限 $v_{max}=5$m/s，风速下限 $v_{min}=0.5$m/s，则

$$\frac{\lambda_{max}}{2}=\frac{d}{400v_{min}}\sqrt{\frac{9.81\sigma_{max}}{g_1}}=\frac{23.94}{400\times0.5}\sqrt{\frac{9.81\times77.6}{32.777\times10^{-3}}}=18.242(\text{m})$$

$$\frac{\lambda_{min}}{2}=\frac{d}{400v_{max}}\sqrt{\frac{9.81\sigma_{min}}{g_1}}=\frac{23.94}{400\times5}\sqrt{\frac{9.81\times52}{32.777\times10^{-3}}}=1.493(\text{m})$$

$$b=\frac{\frac{\lambda_{max}}{2}\frac{\lambda_{min}}{2}}{\frac{\lambda_{max}}{2}+\frac{\lambda_{min}}{2}}=\frac{18.242\times1.493}{18.242+1.493}=1.38(\text{m})$$

由表 4-6，该耐张段所需防振锤个数见表 4-7。

表 4-7　　　　　　　　　**防振锤个数表**

杆　号	1		2		3		4	
档距/m	—	200		360		273		—
防振锤个数	—	3	3	3	3	3	3	—
安装距离/m	1.38							

3. 阻尼线的安装计算

在架空线悬垂线夹两侧或耐张线夹出口一侧，装上由挠性较好的钢绞线或与架空线同型号的导线形成的连续多个花边，起阻尼防振作用，这些花边称为阻尼线。阻尼线是一种结构简单但理论计算极其复杂的分布型消振器，它平行地敷设在导线下面，并在适当的位置用 U 形夹子或绑扎方法与导线固定，沿导线在线夹两侧形成递减型垂直花边波浪线，如图 4-10 所示。

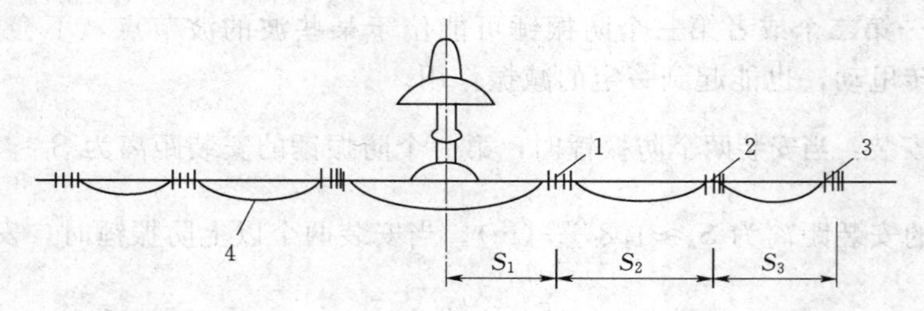

图 4-10　阻尼线安装示意图

1、2、3—扎固点；4—阻尼线

阻尼线的防振原理，一方面相当于多个联合防振锤，使一部分振动能量被架空线和阻尼线本身线股之间的摩擦所消耗；另一方面，在阻尼线花边的连接点处，使振动波传来的能量产生分流，振动波在折射（并有少量反射）过程中能量被消耗，并有部分通过花边传到线夹另一侧，因此，传递至线夹出口处的振动能量很小。

同防振锤相比，阻尼线的主要特点是：重量轻，不容易在固定点形成"死点"；取材方便，且便于通过调整花边改变固有频率。在高频时，其耗能效果较防振锤好，但在低频时不如防振锤。现场实测表明，阻尼线的耗能特性曲线随频率变化出现凹凸的现象，在曲线的谷底点上消耗能量相当小，在小振幅时消耗能量急剧降低。防振锤和阻尼线各具优点，因此，对于大跨越档距往往采用阻尼线加防振锤的联合防振措施。

阻尼线安装距离的确定，原则上和防振锤类似，使导线在最大和最小振动波长时都能取得较大的消振效果。当扎固点位于波腹点或两个相邻绑扎点的相对变位最大时消振性能最好，其安装距离的计算方法可以采用和防振锤相同的等距离安装法。若阻尼线每侧有3个扎固点时，可以按照最大和最小半波长确定扎固点的安装距离。具体原则如下：

（1）第1个扎固点距线夹中心的距离为$\frac{\lambda_{\min}}{4}$，即扎固点位于最小半波长的波腹点上。

（2）第3个扎固点距线夹中心的距离为$\left(\frac{1}{4}\sim\frac{1}{6}\right)\lambda_{\max}$，即位于最大半波长的波腹点附近。

（3）第2个扎固点位于第1个扎固点和第3个扎固点中央。

按照上述原则，扎固点到线夹的中心距离可按式（4-30）计算：

$$\left.\begin{aligned}&S_1=\frac{\lambda_{\min}}{4}=\frac{d}{800v_{\max}}\sqrt{\frac{9.81\sigma_{\min}}{g_1}}\\&S_1+S_2+S_3=\left(\frac{1}{4}\sim\frac{1}{6}\right)\lambda_{\max}=\left(\frac{1}{4}\sim\frac{1}{6}\right)\frac{d}{200v_{\min}}\sqrt{\frac{9.81\sigma_{\max}}{g_1}}\\&S_2=S_3\end{aligned}\right\}\tag{4-30}$$

式中　S_1——第一个扎固点距离线夹中心距离，m；

S_2——第二个扎固点与第一个扎固点间的距离，m；

S_3——第三个扎固点与第二个扎固点间的距离，m；

其他符号意义同前。

S_1、S_2、S_3 如图4-10所示。

阻尼线花边的个数随档距的增加而增多。在一般档距下，线夹每侧2～3个花边，500m以上的大跨越档距，每侧采用3～5个花边。花边的弦长由线夹处向档距中央递减，最长4～6m，最短0.5～2m。花边弧垂大小对防振效果影响不大，一般取弦长的$\frac{1}{10}\sim\frac{1}{6}$。从工艺上要求，一般各花边弧垂按图4-9形式布置，并做成线夹两侧对称。

二、导线防舞

由于舞动对线路的安全运行构成重大的威胁，所以防治舞动具有十分重大的经济意义和社会意义。导线舞动主要由三个方面的因素形成：覆冰及其断面形状、风速及风向和线路结构参数。因此，防止舞动的危害主要从避舞、抗舞、抑舞三方面采取措施。

1. 避开易于形成舞动的覆冰区域与线路走向

避舞措施是通过适当选择路线路径、走向来避开易舞动地区。舞动常发生在导线易覆冰、有平稳层流大风的地区。因此，在选择线路路径时，应尽可能避开导线易覆冰、冬季多风且风向与线路交角接近正交的开阔江河、峡谷、迎风山坡等易舞动地段。

2. 提高导线系统抗舞动的能力

抗舞措施是在不破坏舞动条件前提下，通过提高线路的电气和机械强度来抵抗导线舞动，使线路设备能在导线舞动时不被破坏并保持安全运行。

（1）提高路线抗舞动机械能力。舞动对线路的绝缘子串、金具、铁塔产生较大的动态拉力，提高线路抗舞机械能力，就是提高绝缘子串、金具的强度和耐磨损能力，加强铁塔螺栓的防松性能等。这些设备机械强度提高后，即使发生舞动，线路本身的强度也能抵御较大的动态拉力，不致破坏。

（2）提高线路抗舞动电气性能。提高线路抗舞电气性能，就是保证导线在舞动过程中导线间、导地线间、导线对地间的距离应满足正常运行电压间隙的要求，防止线路发生闪络事故。

3. 防止舞动的措施

抑舞是指在运行线路舞动严重的区段采取措施阻止舞动的形成的条件，抑制舞动的幅值，减少舞动可能造成的危害，使线路安全运行。防止舞动的措施可分为以下几种：

（1）通过改变结构特性来抑制导线舞动，多数防舞器是属于此类，包括失谐摆、抑制扭振型防舞器、双摆防舞器、整体式偏心重锤等。

（2）通过提高导线系统的自阻尼来抑制舞动，如终端阻尼器。

（3）通过提高风动阻力来抑制舞动，如空气动力阻尼器。

（4）通过扰乱沿档气流来抑制舞动，如扰流防舞器等。

（5）通过各种防覆冰措施来抑制舞动，如采用低居里点合金材料，使用防雪导线以及大电流融冰等。

（6）提高导线运行张力和缩短档距也可达到一定的抑制舞动的效果。

国内目前应用最多的防舞装置有：双摆防舞器、线夹回转式间隔棒和相间间隔棒。双摆防舞器是基于舞动稳定性机理开发的一种防舞装置，主要应用于分裂导线；线夹回转式间隔棒是基于改变覆冰冰型实现防舞的装置，应用于分裂导线形式；相间间隔棒通过改变和抑制舞动运动形态来实现防舞，在单导线和分裂导线形式都能应用，主要应用在相间距较小的线路上。防舞措施的采用，应根据线路的特点进行具体设计，只有选择的参数和布置得当，才能达到较好的防舞效果。

小　结

架空线路在外界环境条件的作用下，会发生微风振动、次档距振动、舞动、脱冰跳跃型振动和受风摆动型振动等。

架空线的微风振动沿整档导线呈驻波分布，架空线离开平衡位置的位移大小无论在时间上还是沿档距长度上都是按正弦规律变化。同时在同一频率下，波腹点和波节点在导线上的位置恒定不变。微风振动的强度可用振动角和动弯应变表示。

影响架空线振动的因素主要有风速、风向、地形和地物、架空线使用张力、架空线的结构和材料及档距长度和悬挂点高度等。

导线振动和舞动是威胁输电线路安全运行的重要因素，因此需要采用适当的防振动和防舞动的措施。

防振可以从减弱振动、增强导线耐振强度两方面着手。目前我国广泛采用的防振装置是防振锤和阻尼线。防振锤和阻尼线安装距离的确定方法类似，应使导线在最大和最小振动波长时都能取得较大的防振效果。防振锤和阻尼线防振具有互补性，因而国内外大跨越多采用防振锤与阻尼线联合防振，以充分发挥各自的优点。

防止舞动的危害主要从避舞、抗舞、抑舞三方面采取措施，包括避开易于形成舞动的覆冰区域与线路走向、提高路线抗舞动的机械和电气能力、从改变与调整导线系统的参数出发采取各种防舞装置与措施。

习　题

（1）振动的形式有哪些？

（2）微风振动的原因及危害是什么？

（3）影响导线振动有哪些因素？

（4）导线的防振措施有哪些？

（5）导线如何防止舞动？

参 考 文 献

[1] 孟遂民．架空输电线路设计［M］．北京：中国电力出版社，2015.

[2] 柴玉华．架空线路设计［M］．北京：中国水利水电出版社，2001.

[3] 张忠亭．架空输电线路设计原理［M］．北京：中国电力出版社，2010.

[4] 刘增良．输配电线路设计［M］．北京：中国水利水电出版社，2004.

[5] 郑玉琪．架空输电线微风振动［M］．北京：水利电力出版社，1987.

[6] 郭思顺．架空送电线路设计基础［M］．北京：中国电力出版社，2010.

[7] 赵先德．架空线路基础［M］．北京：中国电力出版社，2012.

[8] 葛磊．输电线路导线舞动机理及防范措施［D］．济南：山东大学，2013.

[9] 姚瑞．几种导线舞动机理的解析［J］．动力与电气工程，2013（8）.

[10] 张旺海．覆冰架空导线振动数值仿真分析及实验研究［D］．保定：华北电力大学，2012.

[11] 李燕．输电线路设计基础［M］．郑州：黄河水利出版社，2013.

第五章

架空输电线路杆塔定位及校验

第一节 杆塔的高度与选择

一、杆塔的呼称高

架空导线对地面、对被跨越物必须保证有足够的安全距离。为此，要求线路的杆塔具有必要的适当的高度。同时还要求线路有与杆高相配合的适当的档距。

从地面到最低层横担绝缘子串悬挂点的高度称为杆塔的呼称高，用 H 表示，如图 5-1 所示，用式（5-1）计算：

$$H=\lambda+f+h+\Delta h \tag{5-1}$$

式中 λ——绝缘子串长度，m；

f——导线最大弧垂，m；

h——导线对地最小允许距离，也称为限距，m；

Δh——考虑施工误差预留的裕度，m，一般取 0.5～1m，视档距大小而定。推荐参考值见表 5-1。

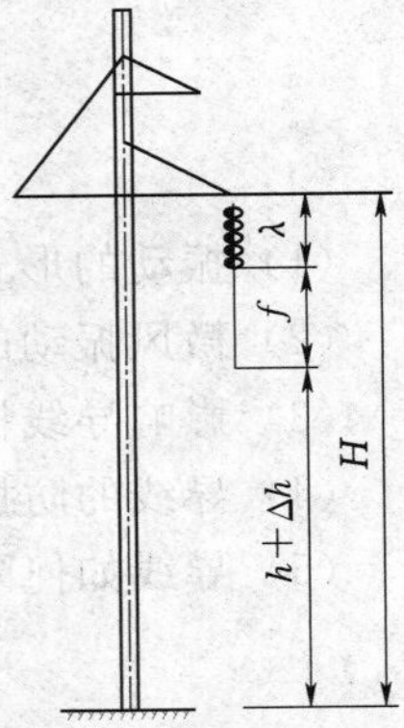

图 5-1 杆塔的呼称高

表 5-1 定位裕度

档距/m	＜200	200～350	350～600	600～800	800～1000
定位裕度/m	0.5	0.5～0.7	0.7～0.9	0.9～1.2	1.2～1.4

二、经济塔高和标准塔高

从表 5-1 中我们可以知道，杆塔高度和档距有密切的关系。档距增加，导线弧垂增大，杆塔加高，但每公里线路的杆塔基数相应减少；反之，档距减少，杆塔高度降低，但基数增加。所以，必然存在一个塔高，在此杆高之下，杆塔高度和数量的合理组合使每公里线路造价和材料消耗量最低，这样的杆塔高度称为经济塔高。我国工程上通常把它取为标准塔高。标准塔高根据经济技术比较来确定，除了考虑经济效果外，还要考虑杆塔制造、线路施工、运行等方面的因素。不同电压等级的线路，其所用导线型号有不同的范围，导线对地距离也不同，也有不同的标准塔高，根据我国以往工程的设计经验，各级电压的标准塔高参考值见表 5-2 。

表 5-2　标准塔高参考值

电压等级/kV	钢筋混凝土电杆呼称高/m	铁塔呼称高/m
30～60	12	—
110	13	15
154	17	18
220	21	23

根据表 5-2，线路的全部塔高的头部尺寸加上标准杆塔，一般 35～60kV 的直线杆全部为 15m 左右，以此类推。

三、杆塔的选择

我国已编制了 35～220kV 线路铁塔通用设计型录，铁塔制造厂也按型录生产定型产品。35～220kV 钢筋混凝土电杆，杆塔型号虽无全国统一标准，但各地区都有自己的标准杆型。钢筋混凝土电杆主杆直径和拔梢杆的梢径、圆锥度也有了统一规格。随着 330kV、500kV、750kV、1000kV 线路的发展，超高压、特高压线路也有标准型杆塔。

在架空送电线路设计当中，特别对于 220kV 及以下的线路，多数设计人员面对大量的杆塔选型问题，而遇到的杆塔结构设计问题相对要少一些。下面介绍杆型选择的有关问题。

1. 杆塔选型

(1) 杆塔的型式直接影响到线路的施工运行、维护和经济等各方面，所以在选型时应综合考虑运行安全、维护方便和节约投资，同时注意当地施工、运输和制造条件。

在平地、丘陵以及便于运输和施工的地区，应首先采用预应力混凝土电杆。在运输和施工困难的地区，宜采用拉线铁塔；不适于打拉线处，可采用铁塔。

在我国，钢筋混凝土电杆在 35～110kV 线路上得到广泛运用，在 220kV 线路上使用的也不少。220kV 及以上线路使用铁塔较多。110kV 及以上双回路线路也多采用铁塔。

(2) 设计冰厚 15mm 及以上的地区，不宜采用导线非对称排列的单柱拉线杆塔或无拉线单杆。

(3) 转动横担和变形横担不应用在检修困难的山区、重冰区以及两侧档距或标高相差过大易发生误动作的地方。

(4) 为了减少对农业耕作的影响、少占农田，110kV 及以上的送电线路应尽量减少带拉线的直线型杆塔；60kV 及以下的送电线路宜采用无拉线的直线杆塔。

(5) 在一条线路中，应尽量减少杆塔的种类和规格型号。

2. 根据杆塔的使用条件选择杆塔

(1) 杆塔高度选择。一般按标准塔高来选择，表 5-2 给出了标准塔高的参考值。对于铁塔直接按呼称高选择杆塔高度，对于钢筋混凝土电杆，在决定了呼称高之后，再根据电杆埋深、导线与避雷线布置方式（头部尺寸）决定电杆全长。耐张杆塔的呼称高应低于直线杆塔。特殊地形的杆高、根据交叉跨越情况按式（5-1）来选择。

(2) 杆塔强度选择。一般杆塔通用设计型录上都给出杆塔适用的导线型号、气象条件、垂直档距、水平档距和最大使用档距。同时也给出杆塔受力负荷图。选择杆塔时，线路条件和杆塔使用条件应大致相符合。在杆位排定后，校验杆塔的受力。

(3) 杆塔允许线间距离选择。杆塔通用设计型录上给出了各种杆塔的导线、避雷线布置方式和线间距离。在选择杆塔时应考虑线路的导线布置方式和对线间距离的要求。在排定杆位后再校验绝缘子串摇摆角和线间距离。

(4) 转角杆塔选择。转角杆塔除考虑上述各条件之外，还应考虑杆塔的转角。杆塔额定转角应大于等于线路转角。这一要求是考虑转角杆塔所受导线角度力和跳线对杆塔构件允许空气间隙距离而提出的。

第二节　输电线路的杆塔定位

杆塔定位是在线路初勘测量、终勘测量的基础上进行的，并伴随施工定位测量而结束。

在线路初步设计阶段进行初勘测量。其主要任务是根据地形图上初步选择的路径方案进行现场实地踏勘或局部测量，以便确定最合理的路径方案。为初步设计提供所必需的资料和数据。在线路施工图设计阶段，进行终勘测量。其主要任务是根据批准的初步设计，在现场实地进行线路路径的平衡面测量，并绘制纵断面图及平面图，为施工设计提供所必需的资料和数据。施工定位测量是在施工之前，根据批准的施工图设计，进行现场测量。其主要工作内容是按照纵断面图及平面图上排定的杆位，通过仪器测量，把已设计在图纸上的杆塔标定在大地上，以便进行施工。

一、纵断面图和平面图

纵断面图是沿线路中心的剖面图，表示沿中心线的地形，被跨越的位置和高度。而平面图则表示沿线路中心线左右各 20～50m 宽地带的平面图。平面图和纵面图都展成直线画在一张图上，简称平断面图。当线路遇有转角时，在平面图上标出转角方向，并注明转角的度数。地形复杂时，例如，当线路中心线与边线高度差较大，边线对地限距有可能不满足要求时，还需画出局部横断面图。

纵断面图比例一般水平方向为 1∶5000，垂直方向为 1∶500；对于地形复杂的地区或要求精度比较高时，水平方向为 1∶2000，垂直方向为 1∶200。

在平面图的下部，应填上桩号、标高、桩距、耐张段长度。并应留有填写杆塔形式、杆塔编号和档距等表格，备定位时使用，如图 5-2 所示。

二、定位模板曲线

模板曲线就是最大弧垂气象条件下按一定比例尺绘制的导线的垂直曲线，是最大弧垂的时候，导线悬挂在空中的相似形状。

由导线悬垂曲线的平抛物线方程可知

$$y=\frac{g}{2\sigma_0}x^2 \tag{5-2}$$

令

$$K=\frac{g}{2\sigma_0}$$

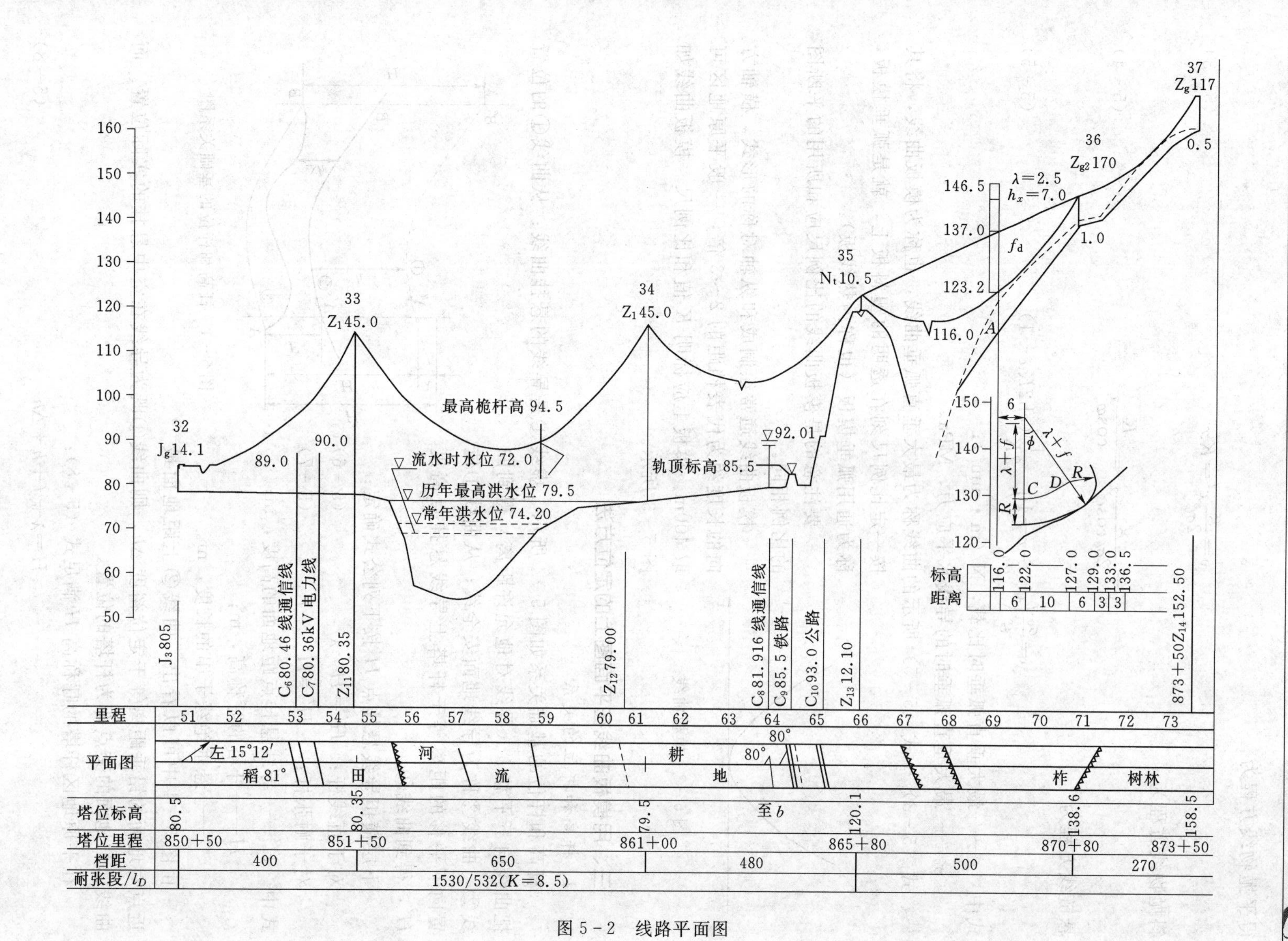

里程
平面图
塔位标高
塔位里程
档距
耐张段/l_D
最高桅杆高 94.5
流水时水位 72.0
历年最高洪水位 79.5
常年洪水位 74.20
轨顶标高 85.5
$C_6$80.46 线通信线
$C_7$80.36kV 电力线
Z_{11}80.35
Z_{12}79.00
$C_8$81.916 线通信线
$C_9$85.5 铁路
C_{10}93.0 公路
Z_{13}12.10
873+50Z_{14}152.50
$J_3$805
J_g14.1
$Z_1$45.0
N_t10.5
Z_{g2}170
Z_g117
$\lambda=2.5$
$h_x=7.0$
f_d
标高
距离
稻 81°
左 15°12′
田
河
流
耕
地
至 b
作
树林
850+50
851+50
861+00
865+80
870+80
873+50
400
650
480
500
270
1530/532(K=8.5)

图 5-2 线路平面图

得平抛物线方程为

$$y=\frac{g}{2\sigma_0}x^2=Kx^2 \tag{5-3}$$

斜抛物线方程为

$$y=\frac{g}{2\sigma_0\cos\varphi}x^2=\frac{K}{\cos\varphi}x^2 \tag{5-4}$$

悬链线方程为

$$y=\frac{\sigma_0}{g}\left(\operatorname{ch}\frac{g}{\sigma_0}x-1\right)=\frac{1}{2K}(\operatorname{ch}2Kx-1) \tag{5-5}$$

式中 g——最大垂直弧垂时比载，N/(m·mm²)；

σ_0——最大垂直弧垂时的导线水平应力，MPa。

式（5-3）～式（5-5）所示的曲线称为最大垂直弧垂曲线，也称为模板曲线，将其按一定比例尺刻在透明的塑料板上，就是弧垂模板，称为通用弧垂模板（也称为热线板）。

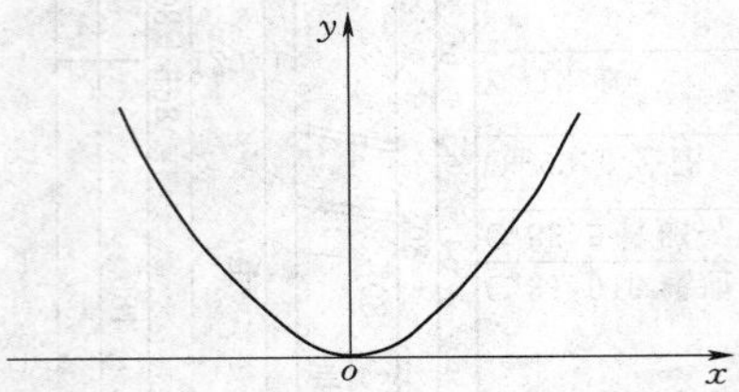

要注意的是模板曲线的比例尺应和所用的平断图的比例相同。

模板曲线通常绘制成和纵轴对称的形式。横轴方向的长度约为代表档距的2～3倍，一般平原地区可取400m。模板上应标明K值和比例尺。模板曲线如图5-3所示。

图5-3 模板曲线

三、用模板曲线在平面图上的定位方法

1. 杆高和杆位的关系

杆高和杆位的基础关系如图5-4所示。虚线①是导线的悬挂曲线：从曲线①的位置把曲线向下平移h（导线对地允许距离）得到曲线②，曲线②称为导线地面安全线；从曲线①位置向下平移的距离等于杆塔上导线悬挂点高度H'，得到曲线③。

下层横担导线悬挂点H'按下列公式确定：

对于直线杆： $H'=H-\lambda$ （5-6）

对于耐张杆： $H'=H$ （5-7）

式中 H'——导线悬挂点距地面的高度，m；

H——杆塔的呼称高，m；

λ——悬垂绝缘子串的长度，m。

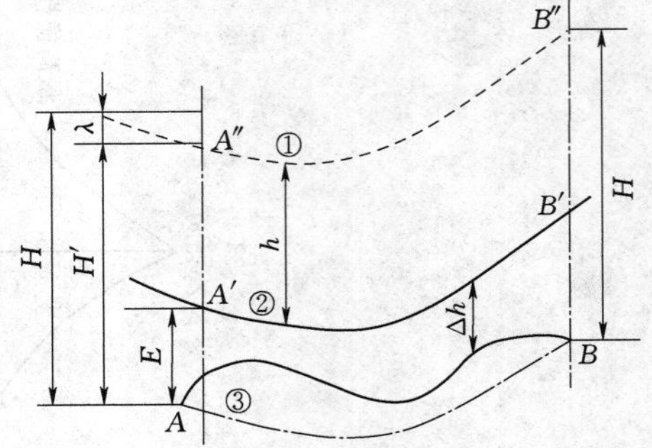

图5-4 杆高和杆位的基础关系图

由图5-4中可以看出，曲线②上距地面最近点对地面的铅垂距离等于定位裕度Δh，则曲线①既为导线在空中悬挂的实际位置。而曲线③与地面的交点即为杆塔的位置。

在平原地区杆塔的呼称高H满足式（5-8）：

$$H=\lambda+f+h+\Delta h \tag{5-8}$$

在山区则不然，如果塔位地形有利，可以使杆塔高 $H<\lambda+f+h+\Delta h$；如果塔位选择不利（如洼地），可能使 $H>\lambda+f+h+\Delta h$。

2. 杆塔定位高度

在模板曲线上也可以只画一条曲线②（即导线地面安全线），这是因为当电压等级一定时，绝缘子串的长度和导线距地面的限距也相应地确定了。若 A 点立一基杆塔，曲线②与地面考虑了一定的裕度后和过 A 点铅垂线的交点 A'，则 A'点到杆塔基础施工面间的高度差称为杆塔的定位高度 E，对于

直线杆塔：
$$E=H-h-\lambda \tag{5-9}$$

耐张杆塔：
$$E=H-h \tag{5-10}$$

3. 在平断面图上用模板曲线的定位方法

（1）先确定特殊杆塔的塔位。例如，终端杆、耐张杆、转角杆或特殊跨越杆等可以先确定。

（2）由已定位的杆塔开始确定其他中间杆位。其定位方法如下：

1）将模板曲线对称轴 y 轴始终保持铅垂位置。

2）在平断面图上移动模板曲线。

3）考虑模板曲线与地面的定位裕度，其参考值见表 5-1。

4）在已定位杆塔侧曲线对地面的高差等于该杆塔的定位高度。

5）模板曲线②的另一侧对地面高差等于定位高度的点所对应的地面处即为待定杆位。定位时应考虑其他因素的影响，以尽量减少返工。

4. 模板曲线 K 值的选择和校验。

根据上面介绍的杆位排定方法，存在一个问题：在未排出杆位之前，不知道耐张段内各档的档距，也不知道代表档距，因而无法算出最大弧垂条件下导线的应力 σ_0，模板曲线也无法绘制。

解决的方法是试凑合逐渐趋近。即先假定一个代表档距，求出 K 值，绘制或选择弧垂模板，排定杆位。然后根据所排定的杆位计算实际的代表档距和相应的 K 值。如果实际 K 值和原用木模板曲线的 K 值相等或误差在允许范围之内，则所排杆位有效；否则，应采用实际的 K 值绘制或选择模板，重新排定杆位，直到 K 值误差在允许范围为止。K 值的误差范围为 $\Delta K=\pm0.125\times10^{-4}\,\mathrm{m}^{-1}$。

第三节　杆　塔　校　验

用模板在平断面图上确定杆位、杆型时，可保证导线对地距离的要求，但对某些杆位和杆型还不能确定电气和机械强度方面是否能满足要求，例如尚不知道导线风偏后对杆塔的空气间隙是否满足要求，也不知道导线避雷线是否上拔，绝缘子串的机械强度是否满足要求等。因此，杆塔定位后，必须对某些杆塔进行电气和机械强度方面的校验，即定位校验。这些校验项目有的直接影响杆位和杆型的确定，故应与定杆位时一起进行。为了提高设计效率，保证设计质量，一般应预先制作一些常用的校验图表和曲线，以便对所确定的杆位和杆型进行校验。

一、杆塔倒拔校验

1. 水平档距和垂直档距

杆塔荷载的主要部分是导线和避雷线作用在杆塔的荷载。杆塔支撑着两侧相邻档的导线和避雷线，为了计算每基杆塔承受多长距离导线和避雷线的荷载，首先要了解水平档距和垂直档距的概念。

(1) 水平档距 l_h。如图 5-5 所示，杆塔 A、导线或避雷线作用在杆塔 A 上的水平荷载为 P_h，设荷载沿悬挂点连线均匀分布，根据力学平衡条件可知

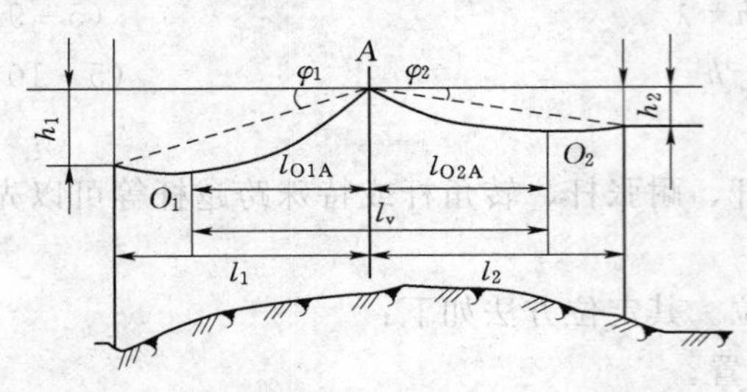

图 5-5　水平档距与垂直档距计算图形

$$P_h=\frac{g_hS}{2}\left(\frac{l_1}{\cos\varphi_1}+\frac{l_2}{\cos\varphi_2}\right)=l_hg_hS \tag{5-11}$$

式中　g_h——导线水平比载；

S——导线截面；

l_1、l_2——杆塔 A 两侧邻档的档距；

φ_1、φ_2——杆塔 A 相邻档的高差角；

l_h——水平档距，其含义是杆塔 A 承受这一距离中导线及避雷线上的水平荷载。

当高差角较小时，即悬挂点接近等高时，则

$$l_h=\frac{1}{2}\left(\frac{l_1}{\cos\varphi_1}+\frac{l_2}{\cos\varphi_2}\right)\approx\frac{1}{2}(l_1+l_2) \tag{5-12}$$

(2) 垂直档距 l_v。杆塔 A 两侧档距中，导线或避雷线最低点 O_1、O_2 间导线或避雷线上的垂直荷载均作用于杆塔 A。则杆塔 A 承受的垂直荷载为

$$P_v=g_vS\left(\frac{l_{O1A}}{\cos\varphi_1}+\frac{l_{O2A}}{\cos\varphi_2}\right)=g_vSl_v \tag{5-13}$$

式中　l_{O1A}、l_{O2A}——杆塔两侧导线最低点到该杆塔导线悬挂点的水平距离；

g_v——导线的垂直比载；

l_v——垂直档距。

若导线或避雷线作用于杆塔 A 的垂直荷载在数值上等于某长度导线或避雷线的垂直荷载，则该长度即为垂直档距。当悬挂点不等高时，一档导线内最低点到悬挂点的水平距离为

$$l_{O1A}=\frac{l_1}{2}\pm\frac{\sigma_{10}h_1\cos\varphi_1}{g_vl_1} \tag{5-14}$$

$$l_{O2A}=\frac{l_2}{2}\pm\frac{\sigma_{20}h_2\cos\varphi_2}{g_vl_2} \tag{5-15}$$

由式 (5-14)、式 (5-15) 可得垂直档距 l_v 的计算公式如下：

$$\begin{aligned}l_v&=\frac{l_{O1A}}{\cos\varphi_1}+\frac{l_{O2A}}{\cos\varphi_2}=l_{v1}+l_{v2}=\frac{1}{2}\left(\frac{l_1}{\cos\varphi_1}+\frac{l_2}{\cos\varphi_2}\right)\pm\frac{\sigma_{10}h_1}{g_vl_1}\pm\frac{\sigma_{20}h_2}{g_vl_2}\\&=l_h\pm\frac{\sigma_{10}h_1}{g_vl_1}\pm\frac{\sigma_{20}h_2}{g_vl_2}\end{aligned} \tag{5-16}$$

式中 l_{v1}、l_{v2}——杆塔单侧的垂直档距；

σ_{10}、σ_{20}——杆塔相邻档导线水平应力；

h_1、h_2——杆塔相邻档悬挂点高差。相邻杆塔悬挂点低时取正号，反之取负号。

当杆塔为直线杆塔时，两侧水平应力相等，即 $\sigma_{10}=\sigma_{20}=\sigma_0$，则

$$l_v=\frac{1}{2}\left(\frac{l_1}{\cos\varphi_1}+\frac{l_2}{\cos\varphi_2}\right)+\frac{\sigma_0}{g}\left(\pm\frac{h_1}{l_1}\pm\frac{h_2}{l_2}\right)=l_h+\frac{\sigma_0}{g}\left(\pm\frac{h_1}{l_1}\pm\frac{h_2}{l_2}\right) \tag{5-17}$$

当高差角较小时，近似地认为垂直档距等于杆塔两侧导线最低点间的水平距离。

2. 直线杆塔导线的倒拔校验

对相邻杆塔高差很大的直线杆，在最不利的气象条件下，可能使杆塔一侧或两侧导线最低点位于档距之外，导线的垂直档距出现负值，即 $l_v<0$，说明导线作用于杆塔的垂直荷载 $P_v=gSl_v$ 也变为负值，此时作用于杆塔上的垂直荷载是方向向上的倒拔力。一般用最低温度作为杆塔倒拔的校验条件。在该条件下杆塔不倒拔，便不会有倒拔现象。校验方法如下：

(1) 用“冷板”校验。同绘制最大弧垂模板的方法一样，绘制出最低温度状态的悬垂曲线模板，俗称冷板。把冷板曲线在纵断面图上放正(使其纵轴保持为铅垂位置)，使冷板曲线恰恰通过被校验杆塔两侧相邻杆塔上导线的悬挂点，被校验杆塔的导线悬挂点若在冷板曲线上方，杆塔不倒拔；反之，则倒拔，如图 5-6 所示。

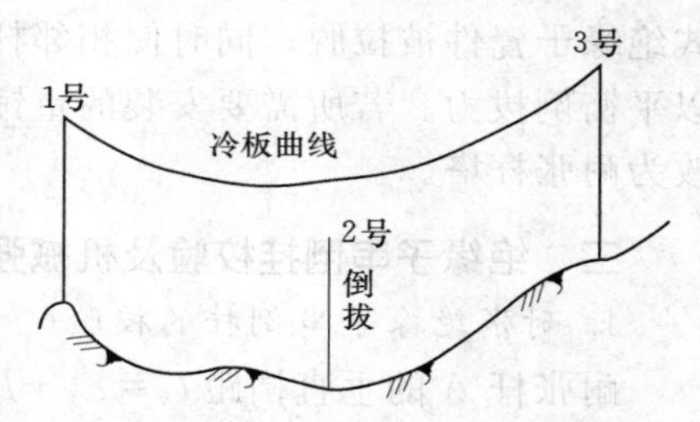

图 5-6　冷板曲线校验倒拔

(2) 导线倒拔临界曲线及倒拔校验。设 m 状态为校验模板状态，即最小弧垂状态（最低温度）；n 状态为定位模板状态，即最大弧垂状态。

则 m 状态时垂直档距为

$$l_{vm}=\frac{\sigma_m}{g_m}\left(\pm\frac{h_1}{l_1}\pm\frac{h_2}{l_2}\right)+l_h \tag{5-18}$$

n 状态时垂直档距为

$$l_{vn}=\frac{\sigma_n}{g_n}\left(\pm\frac{h_1}{l_1}\pm\frac{h_2}{l_2}\right)+l_h \tag{5-19}$$

由式（5-18）和式（5-19）可得两种不同气象条件的导线垂直档距换算式为

$$l_{vn}=\frac{\sigma_n g_m}{g_n\sigma_m}(l_{vm}-l_h)+l_h \tag{5-20}$$

当 $l_{vm}<0$ 时，导线对杆塔产生倒拔力，因此，导线处于倒拔的临界状态是 $l_{vm}=0$，将此结论代入式（5-20）中，可得

$$l_{vn}=\left(1-\frac{\sigma_n g_m}{g_n\sigma_m}\right)l_h \tag{5-21}$$

对于某一耐张段的代表档距而言，其导线的 g_m、σ_m 及 g_n、σ_n 均为已知数，以 l_h 为横坐标，l_{vn} 为纵坐标可绘制出杆塔倒拔的临界曲线，如图 5-7 所示。图中临界曲线上半部为不倒拔区，下半部为倒拔区。

利用临界曲线图校验导线是否倒拔的方法如下：

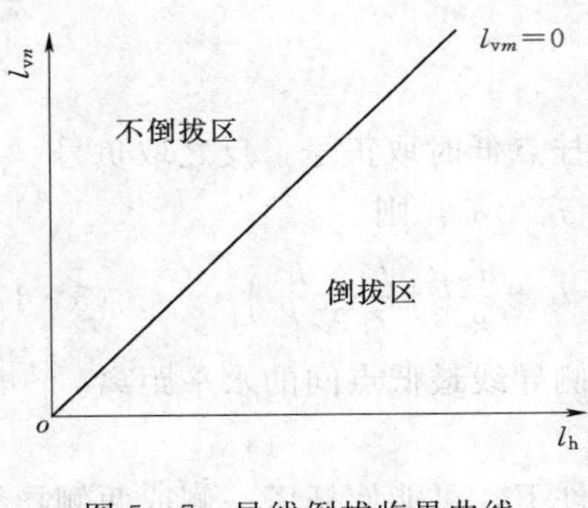

图 5-7 导线倒拔临界曲线

1）根据被校验杆塔所处的耐张段的代表档距，选取一条临界曲线，该曲线的上方区域为安全区（即不倒拔区），曲线下方为非安全区（即倒拔区）。

2）将被校验杆塔的水平档距 l_h 和垂直档距 l_v 标在校验曲线平面图上。若该点落在安全区，则表示导线不倒拔，若该点落在非安全区，则表示导线倒拔，若落在临界曲线上，则表示临界状态。

（3）若该点落在倒拔区时，设该点到临界曲线的垂直距离为 Δl_{vn}，则最低温度时导线的倒拔力为

$$W=g_n S\Delta l_{vn} \tag{5-22}$$

式中 W——导线倒拔力或为抵偿倒拔力而安装的重锤的重量；

S——导线的截面；

g_n——导线最大弧垂时的比载。

在倒拔的情况下，当导线的倒拔力比较大，直线杆塔绝缘子串会被导线提升起来或针式绝缘子瓷件被拉脱；同时使相邻杆塔的垂直档位增加，荷载增加。此时，需要安装重锤以平衡倒拔力。若所需要安装的重锤过重，杆塔结构不允许时，可调整杆位或将直线杆塔改为耐张杆塔。

二、绝缘子串倒挂校验及机械强度校验

1. 耐张绝缘子串倒挂的校验

耐张杆 A 的垂直档距 $l_v=l_{v1}+l_{v2}$，其中，l_{v1} 和 l_{v2} 分别为耐张杆 A 的右侧和左侧档距的垂直档距分量。耐张绝缘子串倒挂计算图形如图 5-8 所示。

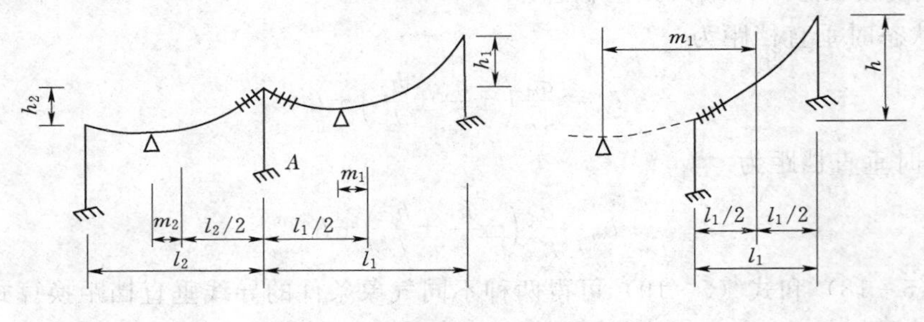

图 5-8 耐张绝缘子串倒挂计算图形

当耐张杆 A 的导线悬挂点高度低于相邻杆的悬挂点高度时，则耐张杆的该侧档距的导线垂直档距分量为

$$l_{v1}=\frac{l_{O1A}}{\cos\varphi}=\frac{l_1}{2\cos\varphi}-\frac{m_1}{\cos\varphi}=\frac{l_1}{2\cos\varphi}-\frac{\sigma h_1}{g l_1} \tag{5-23}$$

若悬挂点高差 h_1 过大，将使耐张杆 A 的垂直档距分量 l_{v1} 为负值，这时该侧导线对耐张杆 A 的拉力具有倒拔力，如图 5-8 所示。当倒拔力大于一侧耐张绝缘子串的重量时，耐张绝缘子串将处于向上翘的状态，从而将引起绝缘子瓷裙积水污秽，降低绝缘强度。遇到这种情况为防积水，往往将耐张绝缘子串倒挂处理。

判别耐张绝缘子串倒挂的临界条件，取年平均运行应力气象条件下（即年平均气温条件）。因为校验耐张绝缘子串是否倒挂，也是在最大弧垂定位模板的条件下进行的，故将年平均气温条件下的垂直档距分量设为 m 状态，即

$$l_{vm1}=\frac{l_1}{2\cos\varphi}-\frac{\sigma_1}{g_1}\frac{h_1}{l_1} \tag{5-24}$$

最大弧垂定位模板条件下的垂直档距分量设为 n 状态，即

$$l_{vn1}=\frac{l_1}{2\cos\varphi}-\frac{\sigma_0}{g_0}\frac{h_1}{l_1} \tag{5-25}$$

由式（5-24）和式（5-25）可得导线在两种气象条件下垂直档距分量换算式为

$$l_{vn1}=\frac{l_1}{2\cos\varphi}-\frac{\sigma_0}{g_0}\frac{g_1}{\sigma_1}\left(\frac{l_1}{2\cos\varphi}-l_{vm1}\right) \tag{5-26}$$

式中 σ_0、g_0——最大弧垂条件下的导线应力和比载；

σ_1、g_1——年平均气温条件下的导线应力和比载；

l_1——为一侧的档距；

φ——为一侧的高差角。

若取年平均运行应力气象条件下杆塔一侧导线的垂直荷载等于耐张绝缘子串的重量 G_j，即

$$l_{vm1}g_1S=-G_j \quad 或 \quad l_{vm1}=-\frac{G_j}{g_1S}$$

将 $l_{vm1}=-\dfrac{G_j}{g_1S}$代入式（5-26），可求得定位条件下的耐张绝缘子串倒挂临界垂直档距分量为

$$l_{vn1}=\frac{l_1}{2\cos\varphi}-\frac{\sigma_0 g_1}{g_0\sigma_1}\left(\frac{l_1}{2\cos\varphi}+\frac{G_j}{g_1S}\right) \tag{5-27}$$

l_{vn1}是在定位条件下，耐张绝缘子串处于倒挂临界状态时的垂直档距分量。在工程设计中，一般只在定位模板曲线上发现耐张杆某一侧的垂直档距分量为负值时，才校验耐张绝缘子串是否倒挂。

令 $l'_{vn1}=-l_{vn1}$，代入式（5-27）得

$$l'_{vn1}=\frac{g_1\sigma_0}{g_0\sigma_1}\left(\frac{l_1}{2\cos\varphi}+\frac{G_j}{g_1S}\right)-\frac{l_1}{2\cos\varphi} \tag{5-28}$$

根据式（5-28），即可计算并绘制出一条耐张绝缘子串的倒挂临界曲线，如图5-9所示。

校验方法是从断面图上量取耐张杆负值垂直档距分量的绝对值 l'_{vn1}和档距 l_1，并将它们标在耐张绝缘子串倒挂临界曲线图上，若其交点落在曲线的上方，则绝缘子串应倒挂，反之应正挂。

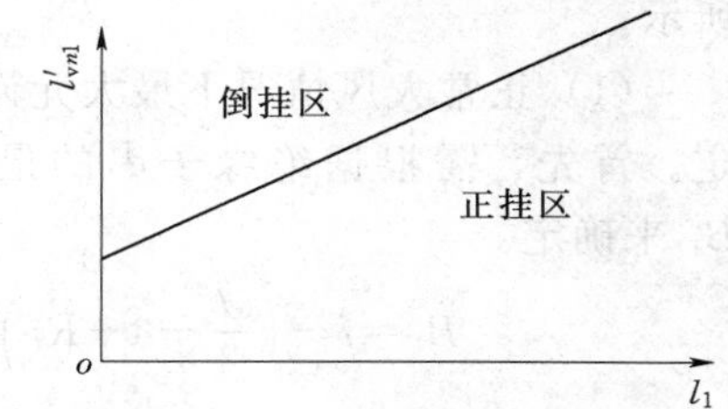

图5-9 耐张绝缘子串的倒挂临界曲线

2. 悬垂绝缘子串机械强度临界曲线

假设悬垂绝缘子串，在 m 气象条件下承受最大垂直荷载（一般是覆冰情况），当忽略绝缘子串的风压

时，绝缘子串的允许垂直档距 l_{vm} 为

$$l_{vm}=\frac{T-G_{jm}}{g_m S} \tag{5-29}$$

式中　T——绝缘子串的最大允许垂直荷载；

G_{jm}——m 气象条件下，绝缘子串的自重；

g_m——m 气象条件下，导线的综合比载；

S——导线的截面积。

把 m 气象条件下允许的垂直档距 l_{vm} 换算为定位模板气象条件 n 状态时，则定位模板气象条件下的允许垂直档距 l_{vn} 为

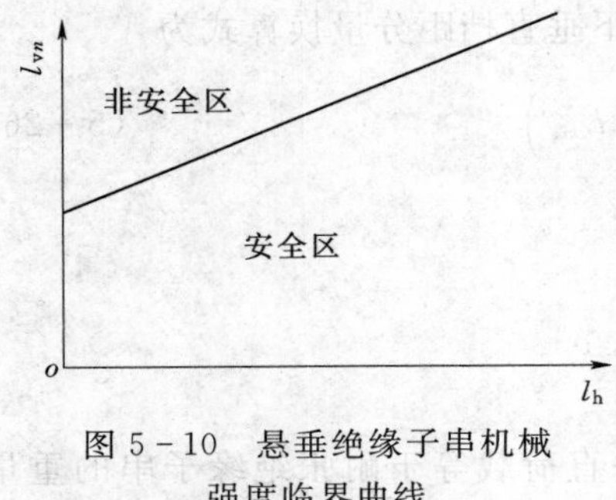

图 5-10　悬垂绝缘子串机械强度临界曲线

$$l_{vn}=\frac{\sigma_n g_m}{g_n \sigma_m}\left(\frac{T-G_{jm}}{g_m S}-l_h\right)+l_h \tag{5-30}$$

式中　σ_n、g_n——定位气象条件下的导线应力、比载；

σ_m、g_m——m 气象条件下的（最大比载）导线应力、比载。

根据式（5-30）可得悬垂绝缘子串机械强度临界曲线，如图 5-10 所示，即 l_h 和 l_{vn} 的关系曲线。临界曲线上方为非安全区，下方为安全区。

三、悬垂绝缘子串摇摆角的确定

当导线和绝缘子串受风压作用时，悬垂绝缘子串将发生摇摆，其偏斜的角度称为摇摆角，如图 5-11 所示。

1. 最大允许摇摆角的确定

当已知直线杆塔的头部尺寸和绝缘子串的长度时，可按一定的比例尺，用正面间隙圆图来检查空气间隙。若要确定导线最大允许摇摆角，根据绝缘配合的原则，间隙圆与杆塔构件只能相切不得相交，有时还应留出间隙裕度 δ。在正常大风、内过电压、外过电压三种情况下的带电部分与杆塔构件的最小空气间隙有不同的规定值，见表 5-3。

可根据表 5-3 用作图法求出不同情况下的最大允许摇摆角 φ_{y1}、φ_{y2}、φ_{y3}，如图 5-11 所示。

（1）正常大风情况下最大允许摇摆角的确定。首先，需根据绝缘子串的最大水平偏移 B_1 来确定。

$$B_1=l-\left(\frac{d}{2}+\delta+R_1\right)$$

则

$$\varphi_{y1}=\arcsin\left(\frac{B_1}{\lambda}\right) \tag{5-31}$$

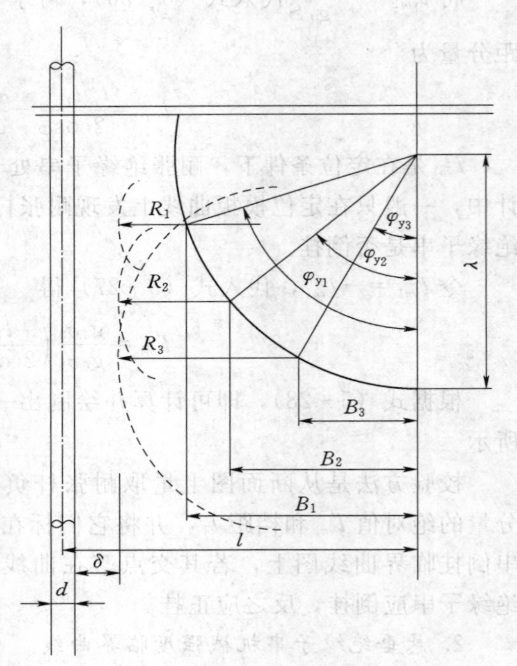

图 5-11　最大允许摇摆角

表 5-3　　　　　　　　　　　带电部分与杆塔构件的最小间隙

验算时的计算条件	线路电压/kV								
	35	60	110 接地	110 不接地	154	220	330	500 海拔 500m 以下	500 海拔 500～1000m
运行电压/m	0.10	0.20	0.25	0.40	0.55	0.55	1.00	1.15	1.25
内过电压/m	0.25	0.50	0.70	0.80	1.10	1.45	2.20	2.50	2.70
外过电压/m	0.45	0.65	1.00		1.40	1.90	2.60	3.70	3.7①

①　数据对应于统计操作过电压倍数 $K_0=2.0$。

式中　R_1——正常大风时的最小空气间隙；

d——电杆直径；

l——横担长度；

δ——间隙裕度；

λ——绝缘子串的长度；

B_1——正常大风时的最大水平偏移。

另外，最大允许摇摆角应满足靠近横担的第一片绝缘子不得碰触横担的要求。

$$\varphi_{y11}=\arccos\left(\frac{R_1+\delta}{\lambda}\right) \tag{5-32}$$

所以，正常大风情况下最大允许摇摆角应取 φ_{y1} 和 φ_{y11} 中较小数值。

（2）内过电压下最大允许摇摆角的确定。此时仅需根据绝缘子串的最大水平偏移 B_2 来确定。

$$B_2=l-\left(\frac{d}{2}+\delta+R_2\right)$$

则

$$\varphi_{y2}=\arcsin\left(\frac{B_2}{\lambda}\right) \tag{5-33}$$

式中　R_2——内过电压时的最小空气间隙；

B_2——内过电压时最大水平偏移。

（3）外过电压下最大允许摇摆角的确定。

$$B_3=l-\left(\frac{d}{2}+\delta+R_3\right)$$

则

$$\varphi_{y3}=\arcsin\left(\frac{B_3}{\lambda}\right) \tag{5-34}$$

式中　R_3——外过电压时的最小空气间隙；

B_3——外过电压时最大水平偏移。

【例 5-1】　如图 5-12 所示，某一直线杆，打四方拉线，试求外过电压时绝缘子串的最大允许摇摆角。

解：可按作图法求得，其作图步骤如下：

（1）拉线在杆塔平面的投影线 AE。

（2）$A'E'$线平行AE，且平行线的间距为$R_3+\delta$。

（3）以悬垂绝缘子串悬挂点O为圆心，λ为半径作圆弧与$A'E'$相交于F点，连接OF，则OF过O点与垂线的夹角φ_{y3}，即为外过电压下绝缘子串的最大允许摇摆角。

2. 摇摆角校验

绝缘子串摇摆角临界曲线如图5-13所示。设绝缘子串的自重G_j和其风压P_j集中在绝缘子串中央$\lambda/2$处。悬垂绝缘子串在横线路方向的风偏摇摆角用式（5-35）计算：

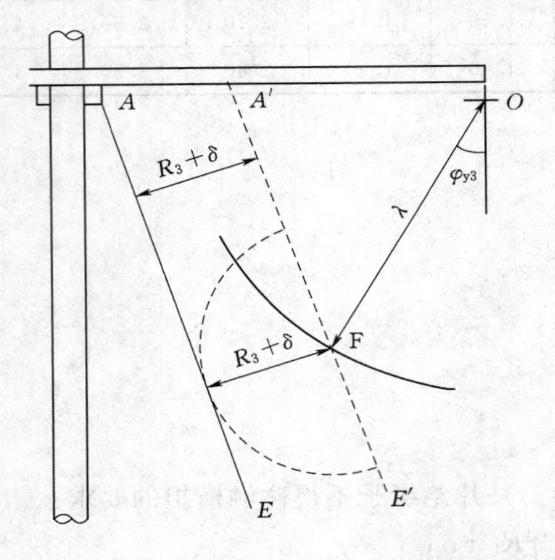

图5-12　打四方拉线电杆绝缘子串的最大允许摇摆角

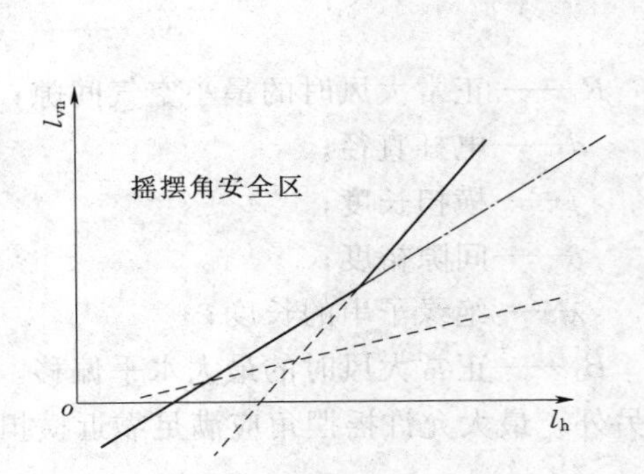

图5-13　绝缘子串摇摆角临界曲线

$$\text{th}\varphi=\frac{\dfrac{P_j}{2}+g_4Sl_h}{\dfrac{G_j}{2}+g_1Sl_v} \tag{5-35}$$

式中　l_v——校验条件下的垂直档距；

S——导线的截面积；

l_h——校验条件下的水平档距；

g_1——导线的垂直比载；

g_4——导线的风压比载。

在选定杆塔后，根据塔头尺寸、绝缘子串长度和最小空气间隙及其他条件可以确定最大允许的摇摆角φ_{y1}、φ_{y2}、φ_{y3}。其校验原则是：实际运行中产生的摇摆角应小于允许摇摆角。即

$$\varphi\leqslant\varphi_{yi} \tag{5-36}$$

式中　φ——实际摇摆角。

在工程设计中，杆塔及塔头的尺寸确定后往往采用摇摆临界曲线进行校验。令运行中的最大摇摆角等于最大允许摇摆角度$\varphi=\varphi_{yi}$，代入式（5-35）得m状态下的垂直档距为

$$l_{vm}=\frac{1}{g_1S}\left[\frac{P_j+2g_4Sl_h-G_j\tan\varphi_{yi}}{2\tan\varphi_{yi}}\right] \tag{5-37}$$

把m状态下的垂直档距，换算为定位模板n状态下的垂直档距为

$$l_{vn}=\frac{\sigma_n}{g_n S\sigma_m}\left[\frac{P_j-G_j\tan\varphi_{yi}}{2\tan\varphi_{yi}}+\left(\frac{g_4 S}{\tan\varphi_{yi}}+\frac{\sigma_m g_n S}{\sigma_n}-g_1 S\right)l_h\right] \tag{5-38}$$

式中　g_n、σ_n——最大弧垂定位模板条件下的导线比载和应力；

g_1、σ_m——m 状态下校验条件下的导线比载和应力；

l_{vn}——定位条件下的垂直档距；

l_h——定位条件下的水平档距。

式（5－38）即为定位条件下的绝缘子串摇摆角临界曲线计算式。

当已知运行电压（最大风情况）、内过电压、外过电压情况的绝缘子串最大允许摇摆角 φ_{yi}后，将不同的 φ_{yi}角和 l_h 代入式（5－38）就可以求出三条斜率不同、截距不同的直线。三条直线相交后的上包线称为摇摆角临界曲线，如图 5－13 所示，曲线的上方为安全区，下方为非安全区。校验杆塔绝缘子串摇摆角的方法是：从杆塔排定的断面图上量出被校验杆塔的垂直档距 l_{vn}和水平档距 l_h，然后把 l_{vn}和 l_h 标在临界曲线上，其交点落在曲线的上部则摇摆角合格，否则不合格。

四、导线悬点应力及交叉跨越校验

1. 导线悬点应力校验

根据设计规程的规定，导线在悬挂点处的应力可较弧垂最低点的应力高 10%，因此，对高差较大和档距很大的杆塔，必须校验导线悬挂点处的应力是否超过规定的允许值。

设导线弧垂最低点的应力为 σ_0，导线悬挂点的最大应力为 σ_A 和 σ_B，如图 5－14 所示，则 $\frac{\sigma_A}{\sigma_0}=1.1$。

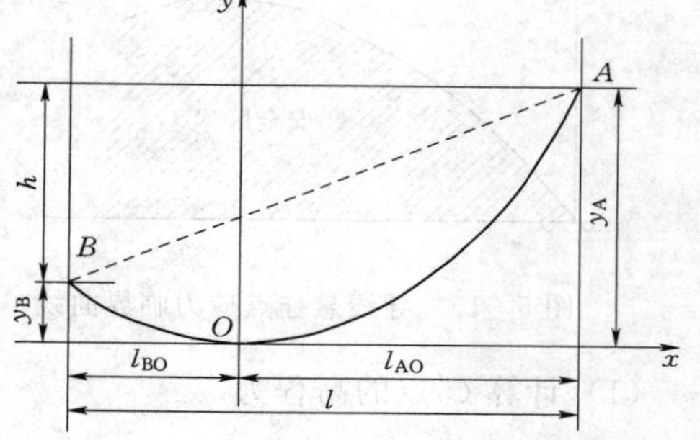

图 5－14　导线悬挂曲线

由悬链线曲线方程可得

$$\sigma_A=\sigma_0\,\mathrm{ch}\left(\frac{g}{\sigma_0}l_{AO}\right)$$

则

$$\left.\begin{aligned}\frac{\sigma_A}{\sigma_0}&=\mathrm{ch}\left(\frac{g}{\sigma_0}l_{AO}\right)=1.1\\ l_{AO}&=\frac{\sigma_0}{g}\mathrm{ch}^{-1}(1.1)\end{aligned}\right\} \tag{5-39}$$

由导线悬链线曲线方程可知

$$y_A=\frac{\sigma_0}{g}\mathrm{ch}\frac{g}{\sigma_0}l_{AO}-\frac{\sigma_0}{g} \tag{5-40}$$

$$y_B=\frac{\sigma_0}{g}\mathrm{ch}\frac{g}{\sigma_0}l_{BO}-\frac{\sigma_0}{g} \tag{5-41}$$

根据几何关系，悬挂点高差 h 为

$$\begin{aligned}h=y_A-y_B&=\left[\frac{\sigma_0}{g}\mathrm{ch}\frac{g}{\sigma_0}l_{AO}-\frac{\sigma_0}{g}\right]-\left[\frac{\sigma_0}{g}\mathrm{ch}\frac{g}{\sigma_0}l_{BO}-\frac{\sigma_0}{g}\right]\\&=\frac{\sigma_0}{g}\mathrm{ch}\frac{g}{\sigma_0}l_{AO}-\frac{\sigma_0}{g}\mathrm{ch}\frac{g}{\sigma_0}(l-l_{AO})\end{aligned}$$

$$=\frac{\sigma_0}{g}\left\{1.1-\mathrm{ch}\left[\frac{g}{\sigma_0}l-\frac{g}{\sigma_0}\mathrm{ch}^{-1}(1.1)\right]\right\}$$

$$=\frac{\sigma_0}{g}\left\{1.1-\mathrm{ch}\left[\frac{g}{\sigma_0}l-\mathrm{ch}^{-1}(1.1)\right]\right\} \tag{5-42}$$

式中　g——验算条件下的导线的最大垂直比载；

l——校验档的档距。

按式（5-42）给出不同的 l 值，即可计算出相应的 h 值，将其绘制成悬挂点应力临界曲线，临界曲线的下方为安全区，上方为非安全区，如图 5-15 所示。

2. 交叉跨越校验

输电线路与电信线、电力线等交叉跨越时，应校验在正常运行情况下，导线最大弧垂时与它们的距离应满足规程的规定。用模板曲线排定杆位后，可以从断面图上直接量得导线对跨越物的距离。当量得的距离与规定值很接近时，为了准确起见，可用计算的方法来校验，如图 5-16 所示。其计算方法如下：

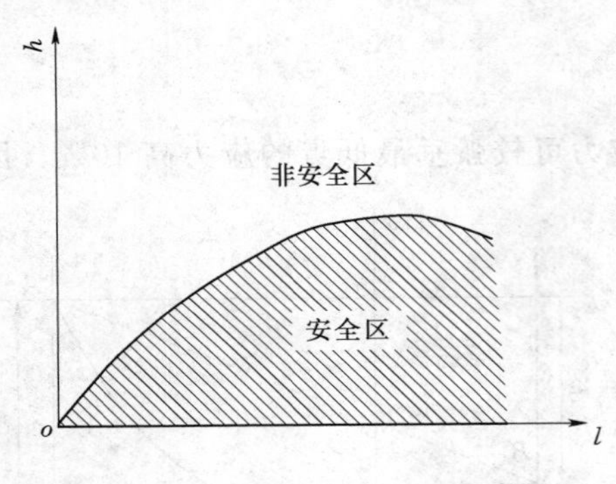

图 5-15　导线悬挂点应力临界曲线

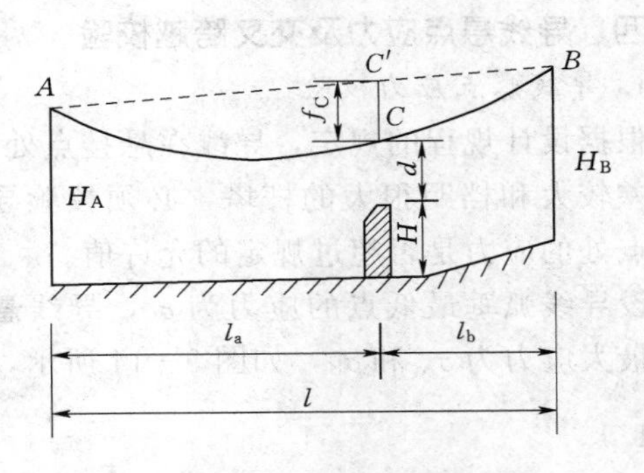

图 5-16　交叉跨越距离校验

（1）计算 C' 点的高程为

$$H_{C'}=H_A+\left(\frac{H_B-H_A}{l}\right)l_a$$

（2）C' 点处导线的弧垂 f_C 为

$$f_C=\frac{g}{2\sigma_0}l_a\,l_b$$

（3）C 点的高程为

$$H_C=H_{C'}-f_C$$

（4）交叉跨越距离为

$$d=H_C-H$$

式中　H_A、H_B——导线悬挂点 A、B 的高程；

l_a、l_b——跨越点至两侧杆塔的水平距离；

g——导线最大弧垂时的自重比载；

σ_0——导线最大弧垂时的应力；

H——被跨越物的高程。

小 结

标准塔高根据经济技术比较来确定，除了考虑经济效果外，还要考虑杆塔制造、线路施工、运行等方面的因素。

杆塔的型式直接影响到线路的施工运行、维护和经济等各方面，在选型时应综合考虑运行安全、维护方便和节约投资，同时注意当地施工、运输和制造条件。

除了杆型外，应按照杆塔的标准塔高、使用强度、允许线间距离、转角等使用条件选择杆塔。

绘制线路走廊纵断面图和平面图是杆塔定位的基础。

定位模板（通用弧垂模板）曲线也称为热线板。模板曲线就是最大弧垂气象条件下按一定比例尺绘制的导线的垂直曲线，是最大弧垂的时候，导线悬挂在空中的相似形状；导线在最低温度状态的悬垂曲线模板，俗称冷板，用于直线杆塔倒拔校验。

杆塔的定位校验应考虑电气和机械强度方面，且应与定杆位时一起进行。定位校验包括倒拔校验、绝缘子串倒挂校验及机械强度校验、绝缘子串摇摆角校验、导线悬点应力及交叉跨越校验等。

水平档距描述了杆塔承受多长距离中导线及避雷线上的水平荷载；若导线或避雷线作用于杆塔上的垂直荷载在数值上等于某长度导线或避雷线的垂直荷载，则该长度即为垂直档距。

习 题

（1）什么是杆塔的呼称高？什么是经济塔高和标准塔高？

（2）杆塔的选择需要考虑哪些因素？

（3）杆塔定位的基础工作是什么？

（4）用模板曲线在平面图上的定位的步骤是什么？

（5）杆塔校验的内容有哪些？

（6）什么是水平档距、垂直档距？

（7）什么是热板曲线和冷板曲线？用途是什么？

（8）绝缘子串最大允许摇摆角的确定需要考虑哪几种情况？

参 考 文 献

［1］ 孟遂民. 架空输电线路设计［M］. 北京：中国电力出版社，2015.
［2］ 柴玉华. 架空线路设计［M］. 北京：中国水利水电出版社，2001.
［3］ 张忠亭. 架空输电线路设计原理［M］. 北京：中国电力出版社，2010.
［4］ 刘增良. 输配电线路设计［M］. 北京：中国水利水电出版社，2004.
［5］ 郭思顺. 架空送电线路设计基础［M］. 北京：中国电力出版社，2010.
［6］ 赵先德. 架空线路基础［M］. 北京：中国电力出版社，2012.
［7］ 赵先德. 架空线路基础［M］. 北京：中国电力出版社，2012.

第六章

电力线路的绝缘配合与防雷保护

第一节 架空电力线路绝缘子选择

绝缘子是用来支撑和悬挂导线，并使导线与杆塔绝缘。架空输电线路绝缘子应具有足够的绝缘强度和机械强度，同时对化学杂质的侵蚀具有足够的抗御能力，并能适应周围大气条件的变化，如温度和湿度变化对它本身的影响等。架空输电线路所用的绝缘子以往都是陶瓷的，所以又称为瓷瓶。

通常，绝缘子的表面做成伞裙或波纹形。这是因为：①可以增加绝缘子的泄漏距离(爬电距离)，同时每个波纹又能起到阻断电弧的作用；②遇到雨雪天气时，从绝缘子上流下的污水不会直接从绝缘子上部流到下部，避免形成污水柱造成短路事故，起到阻断污水水流的作用；③当空气中的污秽物质落到绝缘子上时，由于绝缘子的波纹凹凸不平，污秽物质将不能均匀地附在绝缘子上，在一定程度上提高了绝缘子的抗污能力。总之，将绝缘子做成伞裙或波纹形的目的是为了提高绝缘子的电气绝缘性能。

一、绝缘子的类型

架空输电线路常用的绝缘子有针式绝缘子、悬式绝缘子、瓷横担绝缘子、棒式绝缘子和复合绝缘子等，如图 6-1 所示。

1. 针式绝缘子

针式绝缘子（俗称直瓶或立瓶），这种绝缘子用于电压不超过 35kV 的线路上以及导线拉力不大的线路上，主要用于直线杆塔和小转角杆塔，导线则用金属线绑扎在绝缘子顶部的槽中使之固定。针式绝缘子制造简易、廉价，但耐雷水平不高，易闪络。按其泄漏距离的不同，分为普通型和加强型两种。加强型针式绝缘子的泄漏距离比较大，抗污性能比较好，适用于污秽地区。常用的针式绝缘子如图 6-1 (a) 所示。

2. 悬式绝缘子

悬式绝缘子（俗称吊瓶），它的形状多为圆盘，又称盘形绝缘子，具有良好的电气性能和较高的机械强度。悬式绝缘子按防污性能分为普通型和防污型两种；按其制造材料一般又可分为瓷悬式绝缘子和钢化玻璃悬式绝缘子两种。这种绝缘子一般安装在架空线路耐张杆塔、终端杆塔或分支杆塔上，作为耐张或终端绝缘子串使用，也用于直线杆塔作为直线绝缘子串使用，外形如图 6-1 (b) 所示。

3. 瓷横担绝缘子

瓷横担绝缘子为外胶装结构实心瓷体，其一端装有金属附件，能起到横担和绝缘子双重作用。当断线时，不平衡张力使瓷横担转动到顺线路位置，由抗弯变成承受拉力，起到缓冲作用并可限制事故范围。瓷横担具有很多优点，如泄漏距离大、自洁性能好、抗污闪

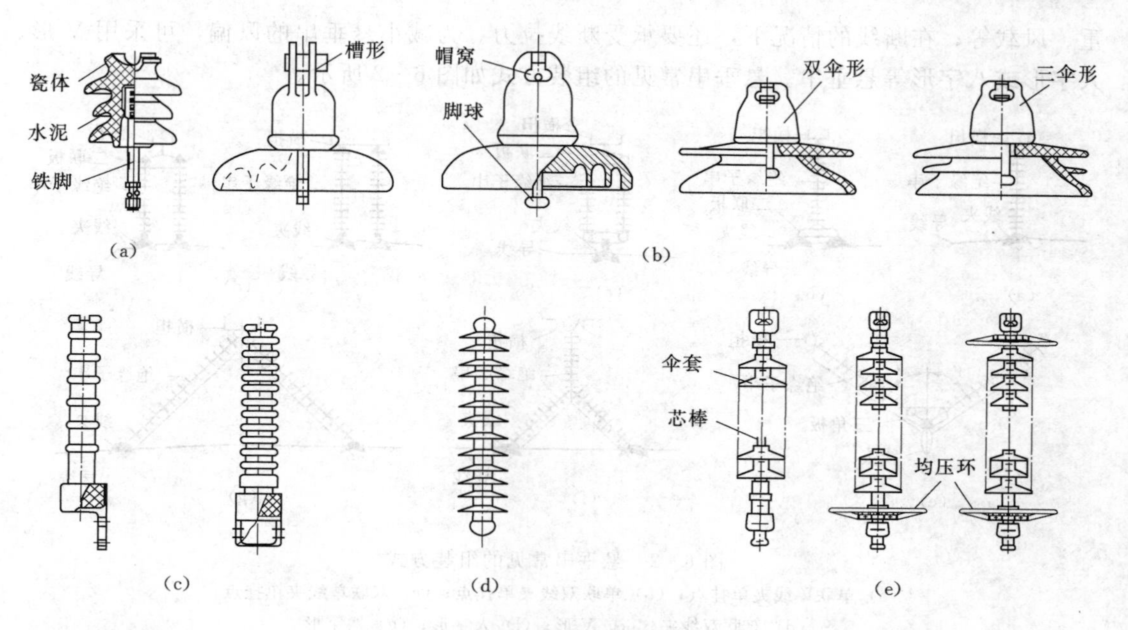

图 6-1 绝缘子的类形

(a) 针式绝缘子；(b) 悬式绝缘子；(c) 瓷横担绝缘子；(d) 棒式绝缘子；(e) 复合绝缘子

能力强、不易击穿和老化、节约钢材、有效地利用了杆塔高度，并且结构简单、安装方便，在10～35kV架空配电线路中广泛使用。其缺点是易被冰雹击断而造成断线倒杆事故，外形如图 6-1（c）所示。

4. 棒式绝缘子

棒式绝缘子是一个瓷质实体结构，又称瓷拉棒。棒式绝缘子的优点是质量轻、长度短、实心结构不会内击穿。另外，棒式绝缘子还具有泄漏距离长、绝缘水平高、自洁能力强，安装方便等优点。它可以代替悬式绝缘子串或蝶式绝缘子，用于架空配电线路的耐张杆、终端杆或分支杆。但由于棒式绝缘子在运行过程中容易因振动等原因而断裂，一般只能用在一些应力比较小的承力杆，并且不能用于跨越铁路、公路、航道或市中心区域等重要地区的线路，外形如图 6-1（d）所示。

5. 复合绝缘子

复合绝缘子是悬式复合绝缘子的简称，又称为合成绝缘子。这种绝缘子具有良好的憎水性、较强抗污能力、很高的抗拉强度和良好的减震性、抗蠕变性以及抗疲劳断裂性。复合绝缘子尤其适用于污秽地区，能有效地防止污闪的发生，外形如图 6-1（e）所示。

二、绝缘子串

架空输电线路的电压等级高，为保证绝缘水平，需将数只悬式绝缘子串连接起来，与金具配合组成架空线悬挂体系即绝缘子串。根据受力特点，在直线型杆塔上组成悬垂串，耐张杆塔上组成耐张串。输电线路的绝缘配合，应使线路能在工频电压、操作过电压、雷电过电压等各种条件下安全可靠地运行。

1. 悬垂串

悬垂串在线路正常运行的情况下，仅承受垂直线路方向的荷载，如架空线自重、冰重、风载等；在断线的情况下，还要承受断线拉力。为减小悬垂串的风偏，可采用V形、人字形或八字形等悬垂串。悬垂串常见的组装方式如图6-2所示。

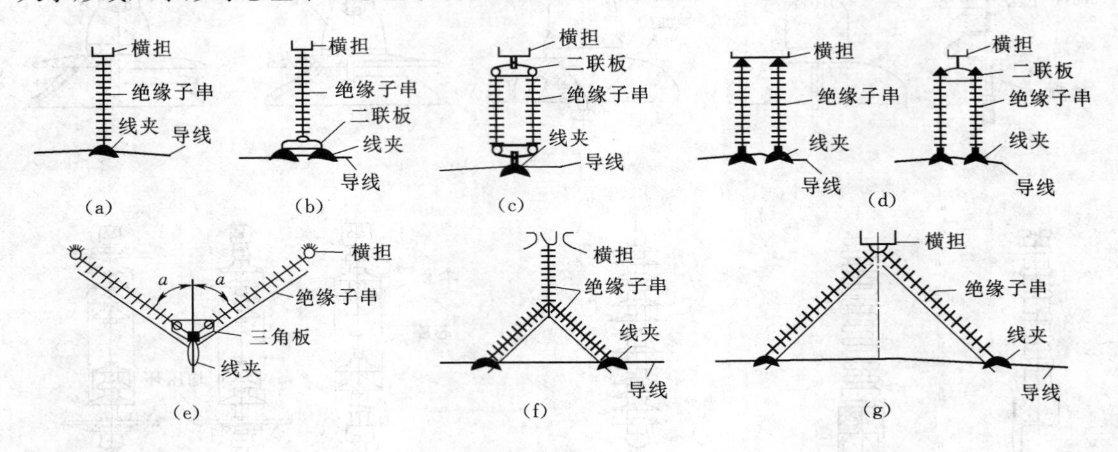

图6-2 悬垂串常见的组装方式

(a) 单联单线夹单挂点；(b) 单联双线夹单挂点；(c) 双联单线夹单挂点；(d) 双联双线夹；(e) V形；(f) 人字形；(g) 八字形

(1) 工频电压下绝缘子串片数的确定。输电线路绝缘子串的绝缘水平取决于所选绝缘子的种类、形状和结构尺寸，在绝缘子的种类、形状和结构尺寸确定的前提下，工频电压下每联悬垂绝缘子片数的确定，应依据线路电压等级按绝缘配合条件确定，可采用爬电比距法计算。所谓爬电比距是指不同污秽等级下单位工作电压所要求的爬电距离。海拔高度1000m以下的地区，每联悬垂绝缘子片数的计算式为

$$n \geqslant \frac{\lambda U}{K_e L_{01}} \tag{6-1}$$

式中 n——每联绝缘子片数；

U——系统最高工作电压或标称电压，kV；

λ——爬电比距，cm/kV，λ是根据大量污闪实验结果和运行经验所确定的参数，λ的大小和污区的级别有关，按表6-1选取；

L_{01}——单片悬式绝缘子的几何爬电距离，cm；

K_e——绝缘子爬电距离的有效系数，主要由绝缘子几何爬电距离在试验和运行中污秽耐压的有效性来确定，并以XP-70、XP-160型绝缘子为基础，其K_e值取为1，常见绝缘子爬电距离的有效系数如表6-2。

(2) 操作过电压及雷电过电压下绝缘子串片数的确定。在海拔1000m以下地区，操作过电压及雷电过电压下要求悬垂绝缘子串片数不能少于表6-3规定的最少绝缘子片数。

操作过电压属内过电压，操作过电压下的绝缘配合与塔身的高低无关，因此，操作过电压下选择绝缘子串片数时不需考虑杆塔高度的修正；而雷电过电压的绝缘配合则与塔身的高低密切相关，因此采用雷电过电压的要求来校验绝缘子片数时需考虑塔高的影响，即应对杆塔高度进行修正（同时进行绝缘子结构高度的修正）。修正时按如下规定进行：全高

表 6-1 高压架空线路污秽等级标准

污秽等级	污秽条件		爬电比距/(cm/kV)	
	污秽特征	盐密/(mg/cm²)	220kV 以下	330kV 以上
0	大气清洁地区及离海岸盐场 50km 以上无明显污染地区	≤0.03	1.39 (1.6)	1.45 (1.6)
1	大气轻度污染地区、工业区和人口低密集区、离海岸盐场 10～50km 地区，在污闪季节中干燥少雾（含毛毛雨）或雨量较多时	>0.03～0.06	1.39～1.74 (1.6～2.0)	1.45～1.82 (1.6～2.0)
2	大气中等污染地区、轻盐碱和炉烟污染地区、离海岸盐场 3～10km 地区，在污闪季节中潮湿多雾（含毛毛雨）但雨量较少时	>0.0.6～0.10	1.74～2.17 (2.0～2.5)	1.82～2.27 (2.0～2.5)
3	大气污染较严重地区、重雾和重盐碱地区、近海岸盐场 1～3km 地区、工业与人口密度较大地区、离化学污染源和炉烟污秽 300～1500m 较严重污秽地区	>0.10～0.25	2.17～2.78 (2.5～3.2)	2.27～2.91 (2.5～3.2)
4	大气特别严重污染地区，离海岸盐场 13km 以内，离化学污染源和炉烟污秽 300m 以内的地区	>0.25～0.35	2.78～3.30 (3.2～3.8)	2.91～3.45 (3.2～3.8)

注 计算爬电距离时取系统最高工作电压，括号内的数字为按标称电压计算的值。

表 6-2 常见绝缘子爬电距离的有效系数 K_e

绝缘子形式	盐密/(mg/cm²)			
	0.05	0.10	0.20	0.40
玻璃绝缘子（普通型 LXH-160）	1.0			
双伞形绝缘子（XWP_2-160）	1.0			
三伞形绝缘子	1.0			
长棒形瓷绝缘子	1.0			
深钟罩玻璃绝缘子	0.8			
浅钟罩形绝缘子	0.9	0.9	0.8	0.8
复合绝缘子	≤2.5cm/kV		≥2.5cm/kV	
	1.0		1.3	

表 6-3 操作过电压及雷电过电压要求的悬垂绝缘子串的最少片数

额定电压/kV	单片绝缘子的高度/mm	绝缘子片数/片
110	146	7
220	146	13
330	146	17
500	155	25
750	170	32

超过 40m 有地线的杆塔，塔高每增加 10m，则绝缘子数量应比表 6-3 增加 1 片相当于结构高度为 146mm 的绝缘子；全高超过 100m 的杆塔，绝缘子片数应根据运行经验结合计

算确定。

塔高、绝缘子结构高度修正式如下：

$$n=\left(n_0L_0+\frac{h-40}{10}\times 146\right)/L \qquad (6-2)$$

式中　n——塔高、结构高度修正后绝缘子片数；

n_0——计算基数，表 6-3 中各电压等级下所要求的最少绝缘子片数；

L_0——表 6-3 中单片绝缘子的结构高度，mm；

h——塔高，m；

L——实际使用的绝缘子高度，mm。

(3) 高海拔地区悬垂绝缘子串片数的确定。以上所述的均为海拔不超过 1000m 的低海拔地区绝缘子数量的确定，高海拔地区悬垂串的绝缘子片数，按式（6-3）计算：

$$n_H=ne^{0.1215m_1(H-1000)/1000} \qquad (6-3)$$

式中　n_H——高海拔地区悬垂串的每联绝缘子所需片数；

n——一般地区悬垂串的每联绝缘子所需片数；

m_1——特征系数，它反映气压对于污闪电压的影响程度，由试验确定。常用绝缘子特征指数可参考表 6-4 取值。

H——海拔高度，m。

表 6-4　常用绝缘子串特征系数的参考值

试品	材料	盘径/mm	结构高度/mm	爬电距离/mm	特征系数数值		
					盐密 0.05mg/cm²	盐密 0.2mg/cm²	平均值
1号	瓷	280	170	33.2	0.66	0.64	0.65
2号		300	170	45.9	0.42	0.34	0.38
3号		320	195	45.9	0.28	0.35	0.32
4号		340	170	53.0	0.22	0.40	0.31
5号	玻璃	280	170	40.6	0.54	0.37	0.45
6号		320	195	49.2	0.36	0.36	0.36
7号		320	195	49.3	0.45	0.59	0.52
8号		380	145	36.5	0.30	0.19	0.25
9号	复合				0.18	0.42	0.30

2. 耐张串

耐张串除承受垂直线路方向的荷载外，主要承受正常和断线情况下顺线路方向的架空线张力。当架空线张力很大时，常采用双联或多联耐张绝缘子串，其组合形式如图 6-3 所示。

运行经验表明，由于耐张绝缘子串受力比悬垂绝缘子串大，容易产生零值绝缘子。为了补偿它对操作过电压放电强度的影响，要求耐张绝缘子片数在表 6-3 的基础上增加，对 110～330kV 输电线路应增加 1 片，500kV 输电线路应增加 2 片，750kV 及以上输电线

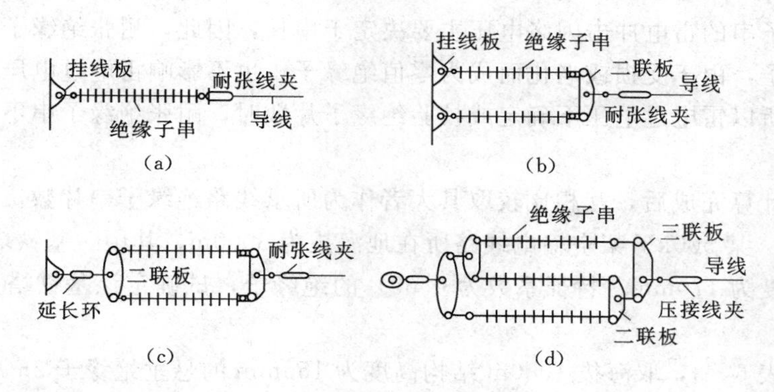

图 6-3　耐张串组合形式

(a) 单联耐张串；(b)、(c) 双联耐张串；(d) 三联耐张串

路不需增加。

3. 绝缘子串片数综合确定方法

绝缘子串片数的确定，需综合考虑工频电压、操作过电压等情况，同时还应以雷电过电压的要求进行校验，最终确定绝缘子串片数。

(1) 在工频电压下，按照爬电比距法式 (6-1) 进行计算，对计算结果向上取整即为所要求的悬垂绝缘子串的绝缘子片数。

由于爬电比距法以实际线路运行经验及事故率作为依据，零值绝缘子的影响已包含在考虑范围之内，所以耐张绝缘子串不需要考虑可能出现的零值绝缘子而增加片数。

(2) 在操作过电压下，查取表 6-3 中相应电压下所要求的最少绝缘子片数。如果实际所用绝缘子的结构高度与表 6-3 中所列结构高度不同，则先进行结构高度修正，再根据海拔高度确定是否需要进行海拔修正，计算结果向上取整即为所要求的悬垂绝缘子串的绝缘子片数。

结构高度修正式为

$$n=\frac{n_0 L_0}{L} \qquad (6-4)$$

式中　n——结构高度修正后绝缘子片数；

n_0——表 6-3 中各电压等级下所要求的最少绝缘子片数；

L_0——表 6-3 中单片绝缘子的结构高度，mm；

L——实际使用的绝缘子的结构高度，mm。

耐张绝缘子串应考虑零值绝缘子的影响，需在上述计算结果的基础上相应增加。

(3) 一般情况下，不按雷电过电压的要求来选择绝缘子串的绝缘强度，但应根据已选定的绝缘水平来校验线路的耐雷水平，因此，雷电过电压下绝缘子数量的确定是作为绝缘水平的一个校验。

在雷电过电压下，先取表 6-3 中相应电压下所需要的最少绝缘子片数，按照式 (6-2) 修正塔高和绝缘子结构高度。如果线路处于海拔在 1000m 以下，此时计算结果即为所要求的绝缘子片数；如果线路处于海拔在 1000m 以上，还需按照式 (6-3) 进行海拔高度修正，计算结果即为所要求的绝缘子串片数。

由于绝缘子串的雷电冲击闪络电压主要决定于串长，因此，耐张绝缘子中即使有某一片或几片绝缘子，由于受损或老化而成为零值绝缘子，也不影响雷电过电压下导线对杆塔的空气间隙，所以雷电过电压下确定或校验绝缘子片数时，耐张绝缘子串不必比悬垂绝缘子串增加片数。

上述三步计算完成后，互相比较取其大者作为所求线路绝缘子串片数。

【例6-1】 某500kV架空输电线路所在地海拔为3000m，其中一基铁塔全高为80m，拟采用结构高度为170mm（特征系数为0.65）的绝缘子，试确定该基铁塔耐张绝缘子串片数。

解： 根据表6-3，取海拔1000m结构高度为155mm的悬垂绝缘子25片作为基数。

按操作过电压要求选择。

结构高度修正：

$$n=\frac{n_0L_0}{L}=\frac{25\times155}{170}=22.79(片)$$

海拔修正：

$$n_H=ne^{0.1215m_1(H-1000)/1000}=22.79\times e^{0.1215\times0.65\times(3000-1000)/1000}=26.69(片)$$

取27片。

耐张绝缘子增加片数：因线路为500kV，耐张绝缘子串增加2片，因此，按操作过电压选择绝缘子串片数为27+2=29（片）。

按雷电过电压要求检验。

塔高、结构高度修正：

$$n=\left(n_0L_0+\frac{h-40}{10}\times146\right)/L=\left(25\times155+\frac{80-40}{10}\times146\right)/170=26.23(片)$$

海拔修正：

$$n_H=ne^{0.1215m_1(H-1000)/1000}=26.23\times e^{0.1215\times0.65\times(3000-1000)/1000}=30.7(片)$$

取31片。

综合考虑上述计算结果，可见雷电过电压为本工程中该基铁塔绝缘子串片数选择的制约条件，因此选取31片。

第二节　杆塔头部的空气间隙距离

架空线路除了绝缘子串应具有一定的绝缘强度外，导线或跳线对于杆塔部件，也应有一定的空气间隙。空气间隙的电气强度应该与绝缘子串的电气强度相互配合。

绝缘子串、导线及跳线在横向风（垂直线路方向）的作用下，会发生风偏。因此，除了需要考虑按正常运行、内部过电压以及大气过电压三种情况选择绝缘子片数，还需要考虑可能的相应风偏之后，带电部分对接地部分之间仍然有足够的绝缘距离。因此，正确的计算杆塔头部空气间隙，也是确定杆塔头部尺寸的原则之一。

杆塔头部尺寸主要决定于电气方面的要求，这些要求可从两方面来满足，即杆塔头部各种安全距离（间隙）的检查和档距中各种线间距离的验算。

一、带电部分至杆塔构件的最小间隙

在海拔不超过 1000m 的地区，在相应风偏条件下，带电部分与杆塔构件（包括拉线、脚钉等）的最小间隙，应符合表 6-5 的规定。

表 6-5　带电部分与杆塔构件（包括拉线、脚钉等）的最小间隙

标称电压/kV	35	60	110 接地	110 不接地	220	330	500	
							海拔 500m 以下	海拔 500～1000m
工频电压/m	0.10	0.20	0.25	0.40	0.55	0.90	1.20	1.30
操作过电压/m	0.25	0.50	0.70	0.80	1.45	1.95	2.50	2.70
雷电过电压/m	0.45	0.65	1.00	0.95	1.90	3.30	3.30	3.30

在海拔高度 1000m 以下地区，带电作业时，带电部分与接地部分的间隙，应不小于表 6-6的规定值。检验带电作业情况的间隙时，采用计算条件为：气温 15℃，风速 10m/s。

表 6-6　带电作业杆塔上带电部分与接地部分的最小间隙

线路电压/kV	35	60	110	154	220	330
最小间隙/m	0.6	0.7	1.0	1.4	1.8	2.2

二、直线杆塔头部间隙的校验

1. 确定塔头空气间隙时所用的计算气象条件

在三种电压情况下，最小空气间隙有不同的规定值。由于它们的计算气象条件不同，所产生的风偏也不同。所以，三种电压情况都可能成为控制条件。三种电压下的气象条件如下：

（1）运行电压下（正常情况），计算条件为最大风速（v_{max}）及相应气温。

（2）外部过电压下（大气过电压），计算条件为气温 $t=15$℃，风速 $v=15$m/s（最大设计风速为 35m/s 及以上时）或 $v=10$m/s（最大设计风速小于 35m/s 时）。

（3）内部过电压下（操作过电压），计算条件为年平均气温，最大设计风速的一半但不低于 15m/s。

2. 绝缘子串的风偏摇摆角

直线杆塔的悬垂绝缘子串受力情况如图 6-4 所示，绝缘子串的风偏摇摆角可用式（6-5）计算：

$$\varphi=\arctan\frac{\frac{1}{2}P_j+P_d}{\frac{1}{2}G_j+G_d}=\arctan\frac{\frac{1}{2}P_j+g_4Sl_h}{\frac{1}{2}G_j+g_1Sl_v}$$

$$P_j=9.8(n+1)A_j\frac{v^2}{16} \tag{6-5}$$

式中　P_j——绝缘子串风荷载，N；

G_j——绝缘子串自重，N；

P_d——导线承受的风压荷载，N；

G_d——导线自重，N；

g_1——导线的自重比载，$N/(m \cdot mm^2)$；

g_4——导线的风压比载，$N/(m \cdot mm^2)$；

S——导线截面积，mm^2；

l_h——杆塔的水平档距，m；

l_v——杆塔的垂直档距，m；

n——每串绝缘子的片数，金具零件按一片绝缘子的受风面积考虑；

A_j——一片绝缘子的受风面积，单裙绝缘子取 $0.03m^2$，双裙绝缘子取 $0.04m^2$；

v——计算情况下的风速，m/s。

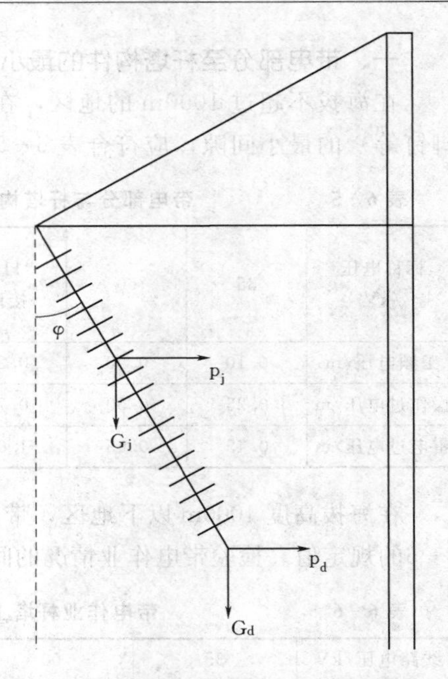

图 6-4　直线杆塔的绝缘子串受力情况

3. 正面间隙圆图

工程设计中对于各种气象条件下的杆塔结构，都可以用正面间隙圆图来确定其杆塔头部尺寸或检查空气间隙。

间隙圆图的画法：首先根据每一种电压下的计算条件，算出绝缘子串的风偏摇摆角；然后以每一种情况风偏极限位置的导线悬挂点为圆心，以每一种电压下的最小空气间隙长度为半径画圆，就是正面间隙圆图。根据绝缘配合的原则，间隙圆和杆塔部件只能相切不得相交，有时还应稍稍留出一点裕度。

根据正常工作电压、内过电压及外过电压情况下，分别求出绝缘子串的风偏角 φ_1、φ_2、φ_3，然后绘制出间隙圆图，如图 6-5 所示。由图中的间隙距离 R_1、R_2、R_3，即可得知各种情况下的空气间隙是否满足表 6-5 所列数值的要求。

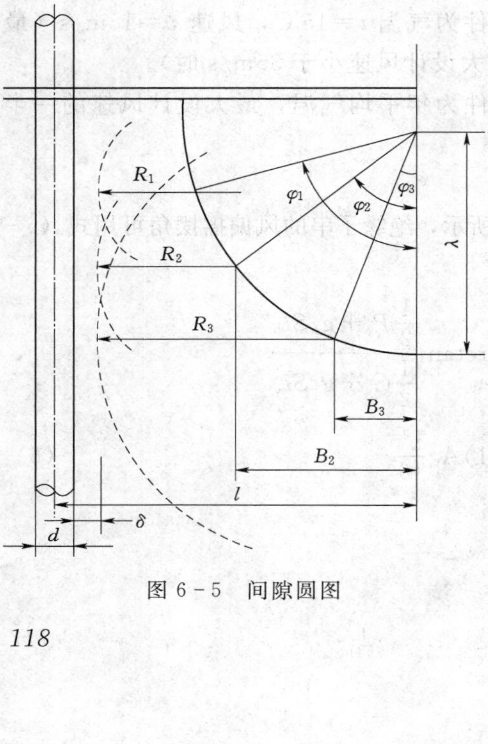

在三种情况的间隙圆图中，对杆身间隙起控制作用的一般为内部过电压或外部过电压两种情况。从图 6-5 中可看出，内部过电压的间隙圆，对于下导线横担长度起控制作用，而正常情况风速较大，悬垂摇摆角较大，对杆身间隙不起控制作用，但在强风地带则需要校验此时对横担下沿的间隙。

图 6-5　间隙圆图

为了满足带电作业检修的需要，有时还需绘制出带电作业的间隙圆图。对于带电作业的杆塔，其带电体与接地体风偏后的间隙，应满足表 6-6 的距离要求。对操作人员需要停留工作的部位，还应考虑人体的活动范围为 0.3～0.5m。

4. 绝缘子串风偏角不满足要求时采取的措施

在平原地带，摇摆角不合格的情况比较少出现。在山区，由于高差很大、垂直档距有时会很小，这时可能出现摇摆角不合格的情况，一般解决的办法有：调整杆塔位置、高度或换用允许摇摆角较大的杆塔；采用重锤或其他方法加大绝缘子串的垂直荷载。

重锤片数可以根据式（6－6）选择：

$$n=\frac{\frac{\sigma_n g_m}{\sigma_m g_n}(\Delta l_{vd} q)-W_h}{w_C} \tag{6-6}$$

式中　g_m、g_n——最大垂直弧垂、校验条件下导线的垂直比载，N/(m·mm²)；

σ_m、σ_n——最大垂直弧垂、校验条件下导线的应力，MPa；

Δl_{vd}——最大垂直弧垂条件下，垂直档距和允许值的差值，m；

q——导线单位长度重力，N/m；

W_h——重锤吊架重力，N；

w_C——每片重锤的重力，N。

第三节　导线的线间距离

一、导线在塔头的排列方式

导线在塔头上的排列方式很多，大致上可以分为三类，即水平排列、垂直排列和三角排列，第三种实际上是前两种方式的结合。

二、导线的线间距离

当导线处于铅垂静止平衡位置时，它们之间的距离称为线间距离。确定导线线间距离，主要考虑两方面的情况：一是导线在杆塔上的布置形式及杆塔上的间隙距离；二是导线在档距中央相互接近时的间隙距离。取两种情况的较大者，决定线间距离。

1. 按导线在杆塔上的绝缘配合决定线间距离

假设导线采用水平排列，如图 6－6 所示。根据式（6－2）确定绝缘子串风偏角，参考图 6－6 计算出导线的线间距离为

$$D=2\lambda\sin\varphi+2R+b \tag{6-7}$$

式中　D——导线水平线间距离，m；

R——最小空气间隙距离，按三种情况（工作电压、外过电压、内过电压）分别计算；

b——主柱直径或宽度；

φ——绝缘子串风偏角（有三个值）。

由三种电压情况计算出的 D 中，选其中大者作为线间距离。

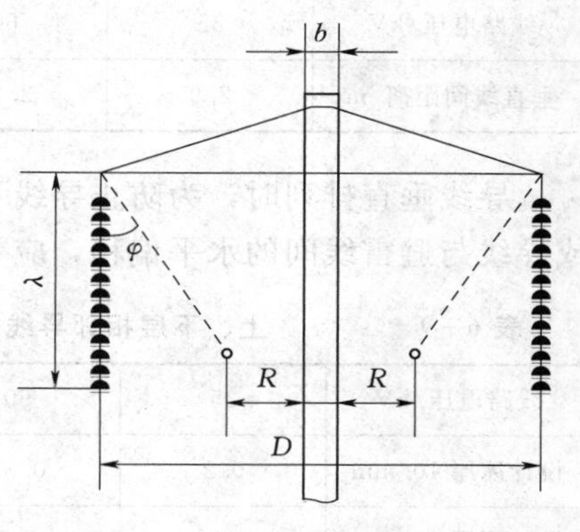

图 6－6　导线采用水平排列

2. 按导线在档距中央的工作情况决定线间距离

水平排列的导线由于非同步摆动在档距中央可

能互相接近。垂直排列的导线，由于覆冰不均匀或不同时脱冰上、下摆动或受风作用而舞动等原因，上、下层导线也可能互相接近。为保证必需的相间绝缘水平，要有一定的线间距离。垂直布置的导线还应保证一定的水平偏移。目前根据经验来确定线间距离。

（1）水平线间距离。根据 GB 50545—2010《110kV～750kV 架空输电线路设计规范》规定，对 1000m 以下档距，导线的水平线间距离按式（6-8）计算

$$D=0.4\lambda+\frac{U}{110}+0.65\sqrt{f_{max}} \tag{6-8}$$

式中　D——导线水平线间距离，m；

λ——悬垂绝缘子串长度，m；

U——线路电压，kV；

f_{max}——导线最大弧垂，m。

一般情况下，在覆冰厚度为 10mm 及以下的地区，使用悬垂绝缘子串的杆塔，其水平线间距离与档距的关系，可采用表 6-7 所列数值。

表 6-7　　使用悬垂绝缘子串的杆塔水平线间距离与档距的关系

电压/kV	水平线间距离/m										
	2.0	2.5	3.0	3.5	4.0	4.5	5.0	5.5	6.0	6.5	7.0
	档　距/m										
35	170	240	300								
60			265	335	400						
110				300	375	450					
220									525	615	700

（2）垂直线间距离。导线垂直排列的垂直线间距离，宜采用式（6-8）计算结果的 75%。使用悬垂绝缘子串的杆塔，其最小垂直线间距离应符合表 6-8 的规定。

表 6-8　　使用悬垂绝缘子串的杆塔的最小垂直线间距离

线路电压/kV	35	60	110	220	330	500
垂直线间距离/m	2.0	2.25	3.5	5.5	7.5	10.0

导线垂直排列时，为防止导线不均匀脱冰时引起闪络，覆冰地区上、下层相邻导线间或导线与避雷线间的水平偏移，应不小于表 6-9 所列数值。

表 6-9　　上、下层相邻导线间或避雷线与相邻导线间的最小水平偏移　　单位：m

线路电压/kV	35	60	110	220	330	550
设计冰厚 10/mm	0.2	0.35	0.5	1.0	1.5	1.75
设计冰厚 15/mm	0.35	0.5	0.7	1.5	2.0	2.5

无冰区可不考虑水平偏移，设计冰厚 5mm 的地区，可根据运行经验适当减小水平偏移。

（3）三角排列的线间距离。导线呈三角排列时，先把其实际的线间距离换成等值水平线间距离。等值水平线间距离一般用下式计算：

$$D_X=\sqrt{D_P^2+\left(\frac{4}{3}D_Z\right)^2} \tag{6-9}$$

式中 D_X——导线三角排列的等值水平线间距离，m；

D_P——导线间的水平投影距离，m；

D_Z——导线间的垂直投影距离，m。

根据三角排列尺寸求出的等值水平线间距离应不小于式（6-8）的计算值。

三、避雷线与导线间的线间距离

为了保证避雷线对导线的防雷保护作用，应符合以下要求：

（1）对边导线的保护角应满足防雷的要求。从杆塔上的避雷线作垂线并与避雷线和外侧导线连线的夹角称为对边导线的保护角，如图 6-7 所示。保护角为

$$\alpha=\tan^{-1}\frac{S}{h} \tag{6-10}$$

式中 α——对边导线的保护角；

S——导线、避雷线间的水平偏移，m；

h——导线、避雷线间的垂直距离，m。

对于单回路，330kV 及以下线路的保护角不宜大于 15°，500～750kV 线路的保护角不宜大于 10°；对于同塔双回或多回路，110kV 线路的保护角不宜大于 10°，220kV 及以上线路的保护角均不宜大于 0°；单避雷线线路不宜大于 25°；对重覆冰线路的保护角可适当加大。

（2）避雷线和导线的水平偏移应符合表 6-9。

（3）杆塔上两根避雷线之间的距离，不应超过避雷线与导线间垂直距离的 5 倍。

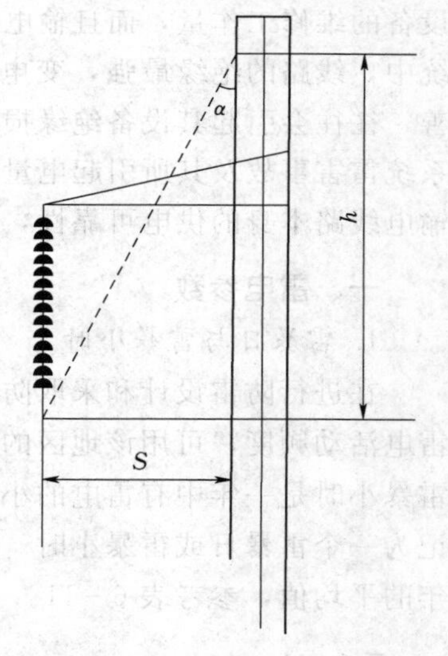

图 6-7 对边导线的保护角

（4）在档距中央，导线与避雷线间的距离 $S_{d\cdot b}$ 在气温 15℃，无风、无冰的气象条件下应满足下式：

$$S_{d\cdot b}\geqslant 0.012l+1 \tag{6-11}$$

式中 l——线路的档距，m。

对大档距应满足

$$S_{d\cdot b}\geqslant 0.1I_0,\quad S_{d\cdot b}\geqslant 0.1U_e \tag{6-12}$$

式中 I_0——线路耐雷水平，kA，见表 6-10；

U_e——线路额定电压，kV。

表 6-10　　有避雷线线路耐雷水平　　单位：kA

额定电压/kV	35	60	110	220	330	500
一般线路	20～30	30～60	40～75	80～120	100～140	120～160
大跨越档距中央和发电厂变电所进线保护段	30	60	75	120	140	160

注　1. 较大值用于多雷区或较重要的线路。
2. 双回路或多回路杆塔的线路，应尽量达到表中的数值。为此，可采取改善接地、架设耦合地线或适当加强绝缘等措施。

第四节　架空线路防雷保护

输电线路是电力系统的大动脉，它将巨大的电能输送到四面八方，是连接各个变电站、各重要用户的纽带。输电线路的安全运行，直接影响到了电网的稳定和向用户的可靠供电。因此，输电线路的安全运行在电网中占举足轻重的地位。

输电线路雷害事故引起的跳闸，不但影响电力系统的正常供电，增加输电线路及开关设备的维修工作量，而且输电线路上落雷产生的雷电波还会沿线路侵入变电所。在电力系统中，线路的绝缘最强，变电所次之，发电机最弱，若发电厂、变电所的设备保护不完善，往往会引起其设备绝缘损坏，影响安全供电。由此可见，输电线路的防雷是减少电力系统雷害事故及其所引起电量损失的关键。做好输电线路的防雷设计工作，不仅可以提高输电线路本身的供电可靠性，而且可以使变电所、发电厂安全运行得到保障。

一、雷电参数

1. 雷暴日与雷暴小时

在进行防雷设计和采取防雷措施时，必须考虑到该地区的雷电活动情况。某一地区的雷电活动频度，可用该地区的雷暴日或雷暴小时来表示。雷暴日是一年中有雷电的日数，雷暴小时是一年中有雷电的小时数。一天或一小时内只要听到雷声（不管听到几次），就记为一个雷暴日或雷暴小时。由于各年的雷暴日（或雷暴小时）变化较大，所以应采用多年的平均值，参考表 6-11。

表 6-11　　我国雷暴小时与雷暴日数的比值

年平均雷暴日数/天	雷暴小时/雷暴日数	年平均雷暴日数/天	雷暴小时/雷暴日数
20～25	2.2～3.0	50～60	3.0～4.0
30～40	2.5～3.5	70～80 及以上	3.3～4.3

从表 6-10 可以看出，雷暴小时与雷暴日数之比随雷暴日数增加而增大。大致看来，二者的比值在 3.0 左右。一般把年平均雷暴日不超过 15 天的地区称为少雷区，超过 40 天的称为多雷区，超过 90 天的称为强雷区，在防雷设计上要因地制宜区别对待。

2. 地面落雷密度

雷暴日或雷暴小时虽反映出该地区雷电活动的频度，但它未能反映出是云间放电或是

云对地放电。测试表明，云间放电远多于云对地放电。线路中更关心的是云对地放电，即地面落雷。地面落雷密度用γ(次/km^2·雷暴日）表示。它表示每一雷暴日、每平方千米地面落雷次数。雷暴日数为40天的情况下，可取$\gamma=0.07$，一般情况下，$\gamma=0.015$。

3. 雷电流的幅值

雷电流是指雷击于接地良好的目标时泄入大地的电流。雷电流的幅值I_m与气象及自然条件有关，是一个随机变量，只有通过大量实测才能正确估算其概率分布的规律。根据我国部分地区的实测数据，绘制出雷电流幅值的概率分布如图6-8所示。雷电流幅值的概率计算可用式（6-13）：

$$\lg P=-\frac{I_m}{88} \qquad (6-13)$$

式中 I_m——雷电流幅值，kA；

P——超过雷电流幅值I_m的概率。

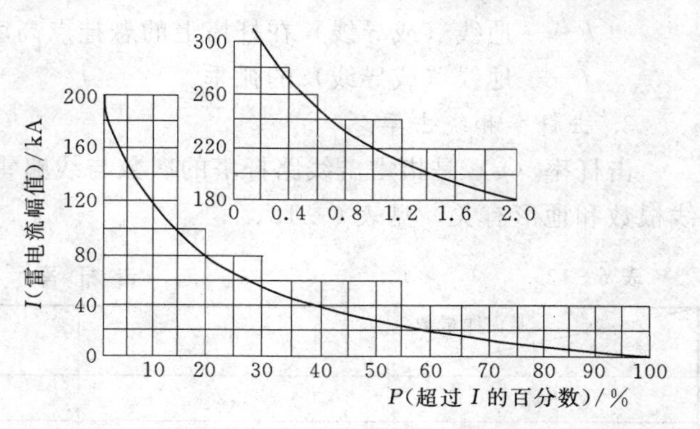

图6-8 我国部分地区雷电流幅值的概率分布

测试还表明，雷电流幅值与海拔高度及土壤电阻率的大小关系不大。

二、防雷保护计算

1. 耐雷水平及遮断次数

架空线路的耐雷水平（亦称为保护水平）是指雷击于线路时，能引起绝缘闪络的雷电流临界幅值（I_1），通常称为线路在这种情况下的耐雷水平，表示为

$$I_1=\frac{U_{50\%}}{100}(\text{kA}) \qquad (6-14)$$

式中 $U_{50\%}$——冲击闪络电压值，kV。

表征线路耐雷水平的另一个指标就是遮断次数，它是假定在每年40个雷电日的情况下，每100km线路每年因雷害而可能跳闸次数，它是用求衡量不同设计方案的相对优劣，但它并不代表线路实际运行中真实的遮断情况。

2. 线路雷击次数

线路雷击次数与雷暴日、地面落雷密度（γ）以及线路遭受雷击的面积（等值受雷面积）有关。

我国根据模拟实验和运行经验，对一般高度的线路，其等值受雷面积的宽度取为$4h_{av}$（h_{av}为地线或无地线时最高导线的平均高度，单位为m）。

根据DL/T 620《交流电气装置的过电压保护和绝缘配合》规定，每年每百千米线路的雷击次数为

$$\left.\begin{aligned} N&=\gamma\frac{b+4h_{av}}{1000}\times 100T=0.1\gamma T\\ h_{av}&=h-\frac{2}{3}f \end{aligned}\right\} \qquad (6-15)$$

式中　N——每年每100km线路的雷击次数，次/(100km·年)；

γ——地面落雷密度，次/(km^2·雷暴日)；

b——两根地线之间的距离，m；

T——年雷暴日数，天；

h_{av}——地线（或导线）的平均高度，m；

h——地线（或导线）在杆塔上的悬挂点高度；

f——地线（或导线）的弧垂。

3. 击杆率和绕击率

击杆率（g）是指雷击线路杆塔的次数与线路雷击次数之比值。击杆率的大小与避雷线根数和地形有关，见表6-12。

表6-12　　**击杆率**

地形＼避雷线根数	0	1	2
平原	1/2	1/4	1/6
山丘	—	1/3	1/4

为防止雷直击于导线，高压线路一般均加挂避雷线，但避雷线对导线的防护并非绝对有效，仍存在一定的雷绕击导线的可能性。线路运行经验、现场实测和模拟试验均证明，雷电绕过避雷线直击导线的概率与避雷线对外侧导线的保护角α(图6-6)、杆塔高度h及线路经过地区的地形、地貌和地质条件有关。

绕击率是指一次雷击线路出现绕击的概率，并按如下经验公式计算：

平原线路：
$$\lg P_\alpha=\frac{\alpha\sqrt{h}}{86}-3.9 \tag{6-16}$$

山区线路：
$$\lg P_\alpha=\frac{\alpha\sqrt{h}}{86}-3.35 \tag{6-17}$$

式中　P_α——线路的绕击率；

α——杆塔上避雷线对外侧导线的保护角，(°)；

h——杆塔高度，m。

山区线路的绕击率约为平地线路的3倍，或相当于保护角增大8°的情况。

当采用两根地线时，杆塔上两地线间的距离不应超过导线与地线间垂直距离的5倍。

4. 线路雷击跳闸率的计算

(1) 建弧率：绝缘子串和空气间隙在雷电冲击闪络之后，转变为稳定的工频电弧的概率，用η表示。

建弧率与沿绝缘子串和空气间隙的平均运行电压梯度有关，也和去游离条件有关。建弧率（η）可用式（6-18）计算：

$$\eta=(4.5E^{0.75}-14)\times 10^{-2} \tag{6-18}$$

式中　E——绝缘子串平均运行电压梯度有效值，kV/m。

对于中性点直接接地系统

$$E=\frac{U_N}{\sqrt{3}l_{ig}} \tag{6-19}$$

对于中性点不直接接地系统

$$E=\frac{U_N}{2l_{ig}+l_m} \tag{6-20}$$

式中 U_N——额定电压，kV；

l_{ig}——绝缘子串的闪烙距离，m；

l_m——木横担线路的线间距离，m。

对铁横担和钢筋混凝土横担，$l_m=0$。

运行经验表明，当 $E\leqslant 6kV/m$ 时，建弧率很小，可近似认为 $\eta=0$。

(2) 中性点不直接接地系统。对于一般高度铁塔或钢筋混凝土杆，无避雷线线路的雷击跳闸率可按式 (6-21) 计算：

$$n=N\eta P \tag{6-21}$$

式中 n——雷击跳闸率，次/(100km·40 雷电日)；

N——每年每 100km 线路的雷击次数；

η——建弧率，按式 (6-17) 计算；

P——超过耐雷水平 I_1 的雷电流概率，按式 (6-13) 计算。

(3) 中性点直接接地系统。对于一般高度铁塔或钢筋混凝土杆，无避雷线线路的雷击跳闸率可按式 (6-22) 计算：

$$n=N\eta[gP_1+(1-g)P_2] \tag{6-22}$$

式中 g——线路的击杆率，见表 6-11；

P_1——超过雷击杆塔时耐雷水平 I_1 的雷电流概率；

P_2——超过雷击导线时耐雷水平 I_1 的雷电流概率；

N，η 的意义同式 6-20。

(4) 一般高度的有避雷线线路的雷击跳闸率：

$$n=N\eta[gP_1+P_\alpha P_2+(1-g)P_3] \tag{6-23}$$

式中 P_1——超过雷击杆塔时耐雷水平 I_1 的雷电流概率；

P_α——绕击率，可按式 (6-15) 或式 (6-16) 计算；

P_3——雷击档距中央的避雷线时，雷电流超过耐雷水平的概率，由于发生这种闪络的情况极少，其值一般可不予计算，即取 $P_3=0$。

三、电力线路的防雷措施

在确定电力线路的防雷方式时，应全面考虑线路的重要程度、系统运行方式、线路经过地区雷电活动的强弱、地形地貌特征、土壤电阻率的高低等条件，并应结合当地已有线路的运行经验，进行全面的技术经济比较，从而确定出合理的保护措施。

1. 架设避雷线

避雷线（地线）是电力线路最基本的防雷措施之一。地线在防雷方面具有以下功能：①防止雷直击导线；②雷击塔顶时对雷电流有分流作用，减少流入杆塔的雷电流，使塔顶电位降低；③对导线有耦合作用，降低雷击杆塔时塔头绝缘（绝缘子串和空气间隙）上的电压；④对导线有屏蔽作用，降低导线上的感应过电压。

对各级电压线路架设地线的要求规定如下：

（1）500kV线路应沿全线架设双地线。

（2）220～330kV线路应沿全线架设地线。在山区宜架设双地线；在少雷区，宜架设单地线。

（3）110kV线路宜沿全线架设地线。在山区和雷电活动强烈地区，宜架设双地线。在少雷区或运行经验证明雷电活动轻微地区，可不沿全线架设地线，但应在变电所或发电厂的进线段架设1～2km地线，且应装设自动重合闸装置。

（4）60kV线路，负荷重要且所经地区年平均雷暴日数为30天以上地区，宜沿全线架设地线。对不沿全线架设地线的60kV线路，应在变电所或发电厂的进线段架设1～2km地线。

（5）35kV及以下线路，一般不沿全线架设地线，但应在变电所或发电厂的进线段架设1～2km地线。

（6）装设地线的线路，杆塔上地线对边导线的保护角，对220kV及330kV双地线线路，一般采用20°左右，单地线线路一般采用25°左右，500kV线路一般不大于15°，山区宜采用较小的保护角。山区60～110kV单地线线路宜采用25°左右。重冰区的线路，不宜采用过小的保护角。杆塔上两根地线间的距离，不应超过导线与地线间垂直距离的5倍。

（7）装有地线的线路，在一般土壤电阻率地区，其耐雷水平不宜低于表6-13所列数值。

表6-13　　有地线线路的耐雷水平

额定电压/kV	一般线路/kA	大跨越档中央和发电厂、变电所进线保护段/kA
35	20～30	30
60	30～60	60
110	40～75	75
220	75～110	110
330	100～150	150
500	125～175	175

注　1. 较大数值用于多雷区或较重要的线路。
2. 双回路或多回路杆塔的线路，应尽量达到表中的数值。为此，可采取改善接地、架设耦合地线或适当加强绝缘等措施。

2. 降低杆塔接地电阻

对一般高度的杆塔，降低接地电阻是提高线路耐雷水平防止反击的有效措施。

降低杆塔接地电阻，一般可采用增设接地装置，采用引外接地装置或连续伸长接地线。连续伸长接地线是沿线路在地中埋设1～2根接地线，并可与下一基塔的杆塔接地装置相连。

3. 架设耦合地线

为了提高线路的防雷性能，减少线路的雷击跳闸率，可采用在导线下面或其附近加挂耦合地线（即架空地线）的办法。架设耦合地线虽不能减少绕击率，但能在雷击杆塔时起分流作用和耦合作用，降低杆塔绝缘上所承受的电压，提高线路的耐雷水平。

4. 装设自动重合闸

由于雷击闪络后绝缘性能大多能很快在跳闸后自行恢复，因此，安装自动重合闸装置对于降低线路的雷击事故率具有较好的效果。据统计，我国在110kV以及上送电线路的自动重合闸，其成功率在75％～95％；35kV及以下线路约为50％～80％，因此，各级电压的线路应尽量装设自动重合闸装置。

5. 采用消弧线圈接地方式

对于雷电活动强烈、接地电阻又难以降低的地区，在110kV电网中可考虑将中性点直接接地改为经消弧线圈接地的方式，这样，绝大多数的单相雷闪接地故障能被消弧线圈所消除。当两相或三相落雷时，雷击引起第一相导线闪络不会造成跳闸，闪络后的导线相当于地线，增加了耦合作用，使未闪络相绝缘子串上的电压下降，从而提高了耐雷水平。

6. 加强绝缘

对于高杆塔，可以采取增加绝缘子串片数的办法来提高其防雷性能。高杆塔的等值电感大，感应过电压大，绕击率也随高度而增加，因此规程规定，全高超过40m有避雷线的杆塔，每增高10m应增加一片绝缘子；全高超过100m的杆塔，绝缘子片数应结合运行经验通过计算确定。

7. 采用不平衡绝缘方式

在现代高压及超高压线路中，同杆架设的双回线路日益增多，对此类线路在采用通常防雷措施尚不能满足要求时，还可采用不平衡绝缘方式来降低双回线路雷击同时跳闸率，以保证不中断供电。不平衡绝缘是使两回路的绝缘子串片数有差异，雷击时绝缘子串片数少的回路先跳闸，闪络后的导线相当于地线，增加了对另一回路导线的耦合作用，提高了另一回线路的耐雷水平，使之不发生闪络，保证继续供电。

8. 装设线路用避雷器

线路型ZnO避雷器具有通流容量大、质量轻、运行维护量小等特点，将它安装在雷电活动强烈、土壤电阻率高、降低接地电阻有困难、存在弱绝缘的线段上保护线路，可大大降低整个线路的雷击跳闸率。

第五节 接地装置设计

电力线路的每一杆塔均应接地，主要目的是引导雷电流入地流散，属防雷接地。线路杆塔混凝土基础是其固有自然接地体，但其接地电阻值往往大于线路设计要求的接地电阻值，还需敷设人工接地体。经过居民区的线路，杆塔接地也起保护接地作用，其接地体距离人行道必须3m以上。人工接地体多用放射型水平接地体，单射线长度不宜过长，每基杆塔的射线数也不宜过多。

电力线路杆塔接地装置应按以下要求进行设计：

(1) 有地线的杆塔应当接地，在雷季干燥时，杆塔不连地线的工频接地电阻不宜大于

表 6-14 所列数值。

表 6-14　有地线架空线路杆塔工频接地电阻值（上限值）

土壤电阻率 ρ/(Ω·m)	≤100	100～500	500～1000	1000～2000	>2000
工频接地电阻/Ω	10	15	20	25	30

中雷区及以上地区，35kV 及 60kV 的无地线钢筋混凝土杆和铁塔宜接地，接地电阻不受限制，但年平均雷暴日数超过 40 天的地区，不宜超过 30Ω。在土壤电阻率不超过 100Ω·m的地区或已有运行经验的地区，钢筋混凝土杆和铁塔利用其自然接地作用，可不另设人工接地装置。

（2）电力线路接地装置的型式。

1）在土壤电阻率 $\rho \leqslant 100\Omega \cdot m$ 的潮湿地区，如杆塔的自然接地电阻不大于表 6-13 规定，可利用铁塔和钢筋混凝土杆的自然接地（包括铁塔基础以及钢筋混凝土杆埋入地中的杆段和底盘、拉线盘等），不必另设人工接地装置，但发电厂、变电所的进线段除外。在居民区，如自然接地电阻符合要求，也可不另设人工接地装置。

2）在 $100 \leqslant \rho \leqslant 300\Omega \cdot m$ 的地区，除利用铁塔和钢筋混凝土杆的自然接地外，还应设人工接地装置。接地体埋设深度不宜小于 0.6m。在 $300 < \rho \leqslant 2000\Omega \cdot m$ 的地区，一般采用水平敷设的接地装置，接地体埋设深度不宜小于 0.5m。在耕地中的接地体，应埋设在耕作深度以下。

3）在 $\rho > 2000\Omega \cdot m$ 的地区，可采用 6～8 根总长不大于 500m 的放射形接地体，或连续伸长接地体。放射形接地体可采用长短结合的方式。接地体埋设深度不宜小于 0.3m。

4）居民区和水田中的接地装置，包括临时接地装置，宜围绕杆塔基础敷设成闭环形式。

5）放射形接地体每根的最大允许长度，应根据土壤电阻率确定，见表 6-15。

表 6-15　放射形接地体每根的最大允许长度

土壤电阻率 ρ/(Ω·m)	≤500	≤1000	≤2000	≤5000
最大允许长度/m	40	60	80	100

6）高土壤电阻率地区，当采用放射形接地装置时，如在杆塔基础附近（在放射形接地体每根的最大长度的 1.5 倍范围内）有土壤电阻率较低的地带，可部分采用引外接地或其他措施。

（3）如接地装置由很多水平接地体或垂直接地体组成，为减少相邻接地体的屏蔽作用，垂直接地体的间距不应小于其长度的 2 倍；水平接地体的间距根据具体情况确定，但不宜小于 5m。

（4）对接地体截面的基本要求。

1）接地体的截面积及断面形状对接地电阻值影响不大，因此，接地体材料规格的选择主要考虑腐蚀及机械强度的需要。接地体的材料一般采用钢材。

2）人工接地体，水平敷设的可采用圆钢、扁钢；垂直敷设的可采用角钢、钢管、圆钢等。接地装置（包括接地体和引下线）的导体截面，应符合热稳定和均压的要求，且不应小于表6-16所列规格。敷设在腐蚀性较强场所的接地装置，应根据腐蚀的性质采取热镀锡、热镀锌等防腐措施，或适当加大截面。

表6-16　　钢接地体和接地引下线的最小规格

种类	规格及单位	地上（屋外）	地下
圆钢	直径/mm	8	8/10
扁钢	截面/mm²	48	48
	厚度/mm	4	4
角钢	厚度/mm	2.5	4
钢管	管壁厚度/mm	2.5	3.5/2.5

注　1. 电力线路杆塔的接地体引下线，其截面积不应小于50mm²，并应热镀锌。
2. 地下部分圆钢直径，分子对应于架空线，分母对应于发电厂及变电所。
3. 钢管壁厚，分子对应于埋于土壤，分母对应于埋于室内素混凝土地坪中。

（5）钢筋混凝土杆铁横担和钢筋混凝土横担线路的避雷线支架、导线横担与绝缘子固定部分或瓷横担固定部分之间，宜有可靠的电气连接并与接地引下线相连。主杆非预应力钢筋如上下已用绑扎或焊接连成电气通路，非预应力钢筋可兼作接地引下线。利用钢筋兼作接地引下线的钢筋混凝土杆，其钢筋与接地螺母、铁横担或瓷横担的固定部分，应有可靠的电气连接。外敷的接地引下线可采用镀锌钢绞线，其截面不应小于25mm²。接地体引下线的截面不应小于表6-15的规定。

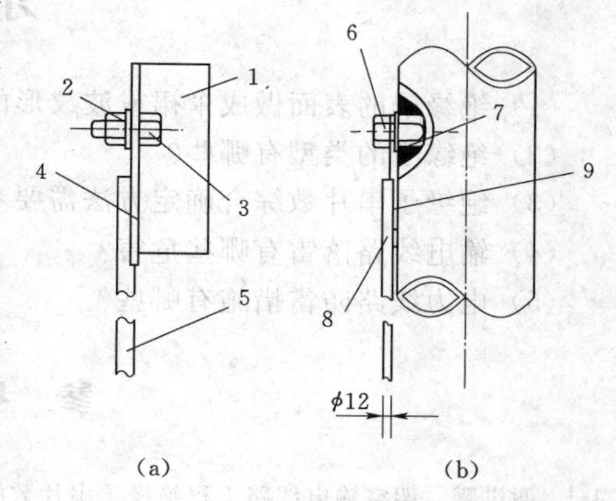

图6-9　接地引下线和杆塔连接图
（a）铁塔；（b）钢筋混凝土电杆
1—铁塔主材角钢；2—垫圈；3—铁塔螺栓；4—40×4镀锌扁铁；5—ϕ10镀锌圆钢；6—M16镀锌螺栓；7—M16镀锌螺母；8—ϕ12镀锌圆钢；9—40×4镀锌扁铁

（6）接地装置的连接应严密可靠，除必须断开处以螺栓连接外，均需焊接。如采用搭焊接，其搭接长度：圆钢为直径的6倍，并双面焊接；扁钢为带宽的2倍，并四面焊接。接地装置的接地引下线与杆塔的连接最好不少于两处，其连接方式如图6-9所示。

（7）对绝缘地线长期通电的接地引下线及接地装置，必须校验其热稳定和人身安全的防护措施。

小　结

绝缘子是架空线路绝缘的主体，绝缘子用来支持导线，使导线间、导线与地和杆塔间保持绝缘，还用于固定导线、承受导线的垂直和水平荷载，因此，它应具有机械强度高、绝缘性能好的性能。绝缘子的选择是个较复杂的过程，不能只单独考虑某一个方面的条件，需综合考虑工频电压、操作过电压等情况，同时还应以雷电过电压的要求进行校验。

架空线路除了绝缘子串应具有一定的绝缘强度外，导线或跳线对于杆塔部件，也应有一定的空气间隙。杆塔上各种排列的导线线间距离均应满足规程规定，杆塔头部尺寸主要决定于电气方面的要求，这些要求通过两方面来满足，即杆塔头部各种安全距离（间隙）的检查和档距中各种线间距离的验算。

架空线路的防雷是减少电力系统雷害事故及其所引起电量损失的关键。在确定电力线路的防雷方式时，应全面考虑线路的重要程度、系统运行方式、线路经过地区雷电活动的强弱、地形地貌特征、土壤电阻率的高低等条件，并应结合当地已有线路的运行经验，进行全面的技术经济比较，从而确定出合理的保护措施。

埋设在基础土壤中的圆钢、扁钢、角钢、钢管或其组合式结构称为防雷接地装置。接地装置的形式和土壤电阻率紧密相关。接地装置与避雷线或杆塔相连，当雷击杆塔或避雷线时，将雷电流导入大地，减少架空线路雷击跳闸率。

习 题

(1) 绝缘子的表面做成伞裙或波纹形的原因是什么？

(2) 绝缘子的类型有哪些？

(3) 绝缘子串片数综合确定方法需要考虑哪些方面？

(4) 输电线路落雷有哪些危害？

(5) 电力线路防雷措施有哪些？

参 考 文 献

[1] 谢洪鹏．架空输电线路工程绝缘子串片数的确定［J］．电气工程与自动化，2015.

[2] 林凤玉．送电线路绝缘子性能综述［J］．山东电力技术，1997.

[3] 刘树横．谈谈低压电瓷产品及其标准［J］．电瓷避雷器，1979（2）：17－25.

[4] 谭湘海．输电线路防雷的防雷设计［D］．长沙：湖南大学，2004.

[5] 郭思顺．架空送电线路设计基础［M］．北京：中国电力出版社，2010.

[6] 沈其工．高电压技术［M］．北京：中国电力出版社，2012.

[7] 孟遂民．架空输电线路设计［M］．北京：中国电力出版社，2015.

[8] 崔军朝，陈家斌．电力架空线路设计与施工［M］．北京：中国水利水电出版社，2011.

[9] 宁岐．架空配电线路实用技术［M］．北京：中国水利水电出版社，2009.

[10] 宫杰．输电线路的防雷研究与设计［D］．北京：华北电力大学，2008.

[11] 张殿生．电力工程高压送电线路设计手册［M］．北京：中国电力出版社，2003.